科學大冒險
3
漫畫◎李少棠
上色協力◎周嘉詠
劇本◎兒童的科學創作組

目錄

■＝漫畫 ■＝專欄 ■＝遊戲

升空救兵

MR.A廉價
太空旅行團
這部太空相機是我最新產品，
給你九折優惠吧！
咔嚓！咔嚓！

我是精明消費者，試過才會買。
太空相機的功能不但媲美
哈勃望遠鏡，還有相片分享功能啊！
咔嚓！

真的那麼厲害？
怎樣用呀？
向相機說出
要和哪人
分享相片，
你的相片和位置
便分享給對方。

那試一試吧！
和小Q分……
吓
!?

不能和小Q分享！他會
追蹤到我們的位置呀！

還給我！

知道位置
又怎樣？
我這個
廉價太空旅行團
是沒有牌照的！

鏘！
啊？

1號巡邏衛星
MR.A廉價
太空旅行團

是外星人來捉我們嗎？

我便是外星人！
這是小Q的A.I.巡邏衛星！

Mr. A你非法舉辦太空旅行團！
立刻帶大剛回地球！
小Q真厲害！
沒告訴你
也知我在太空。

我的巡邏衛星
發現你們的！
大剛！
你快
回來呀！

哼！
我才不會
聽你說！

危險！
有太空垃圾
飛近你們！

救命呀！
粉碎

訊號斷了！
要馬上去救他們！
支支支——
沙沙沙——

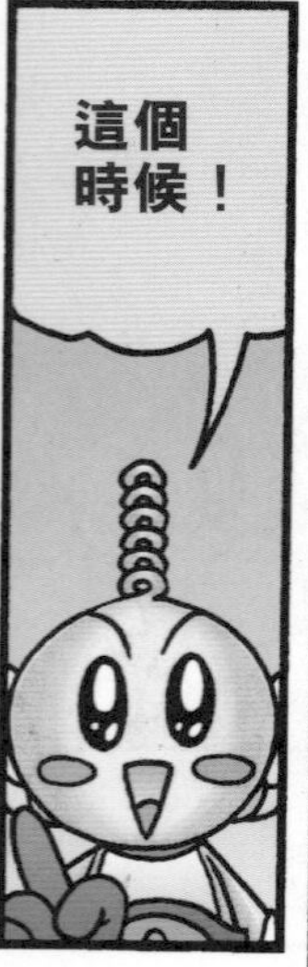
這個
時候！

太空精靈登場！！

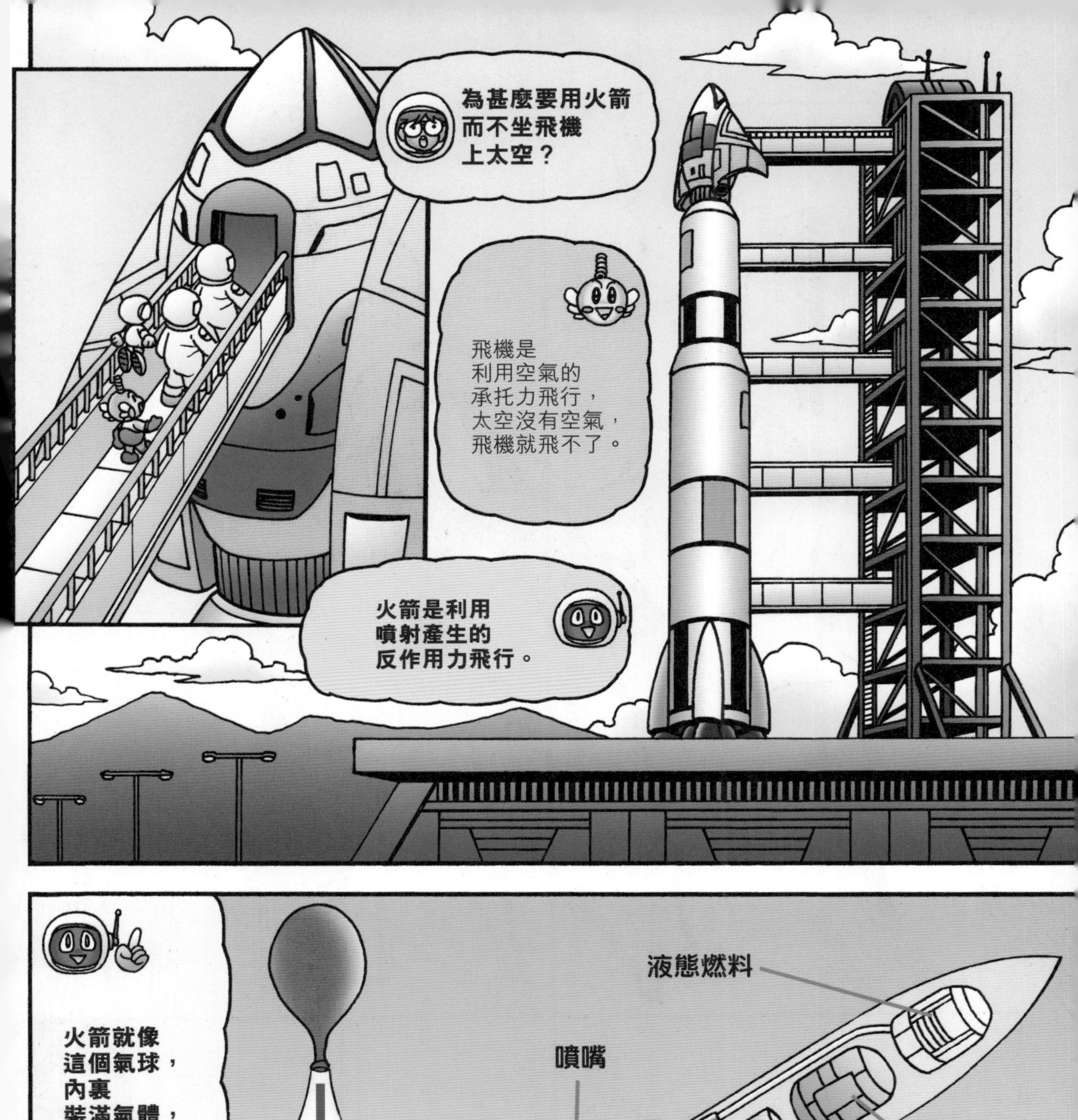
為甚麼要用火箭
而不坐飛機
上太空？
飛機是
利用空氣的
承托力飛行，
太空沒有空氣，
飛機就飛不了。
火箭是利用
噴射產生的
反作用力飛行。

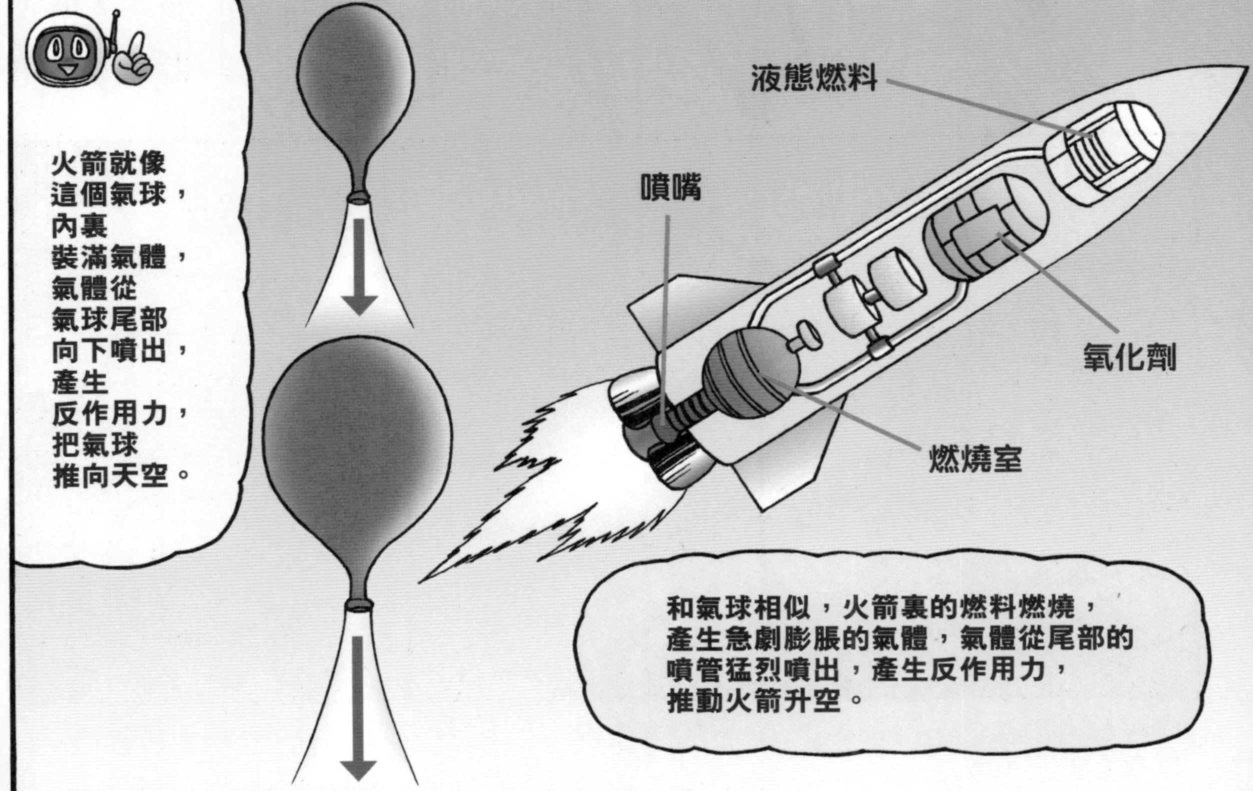
火箭就像
這個氣球，
內裏
裝滿氣體，
氣體從
氣球尾部
向下噴出，
產生
反作用力，
把氣球
推向天空。
液態燃料
噴嘴
氧化劑
燃燒室
和氣球相似，火箭裏的燃料燃燒，
產生急劇膨脹的氣體，氣體從尾部的
噴管猛烈噴出，產生反作用力，
推動火箭升空。

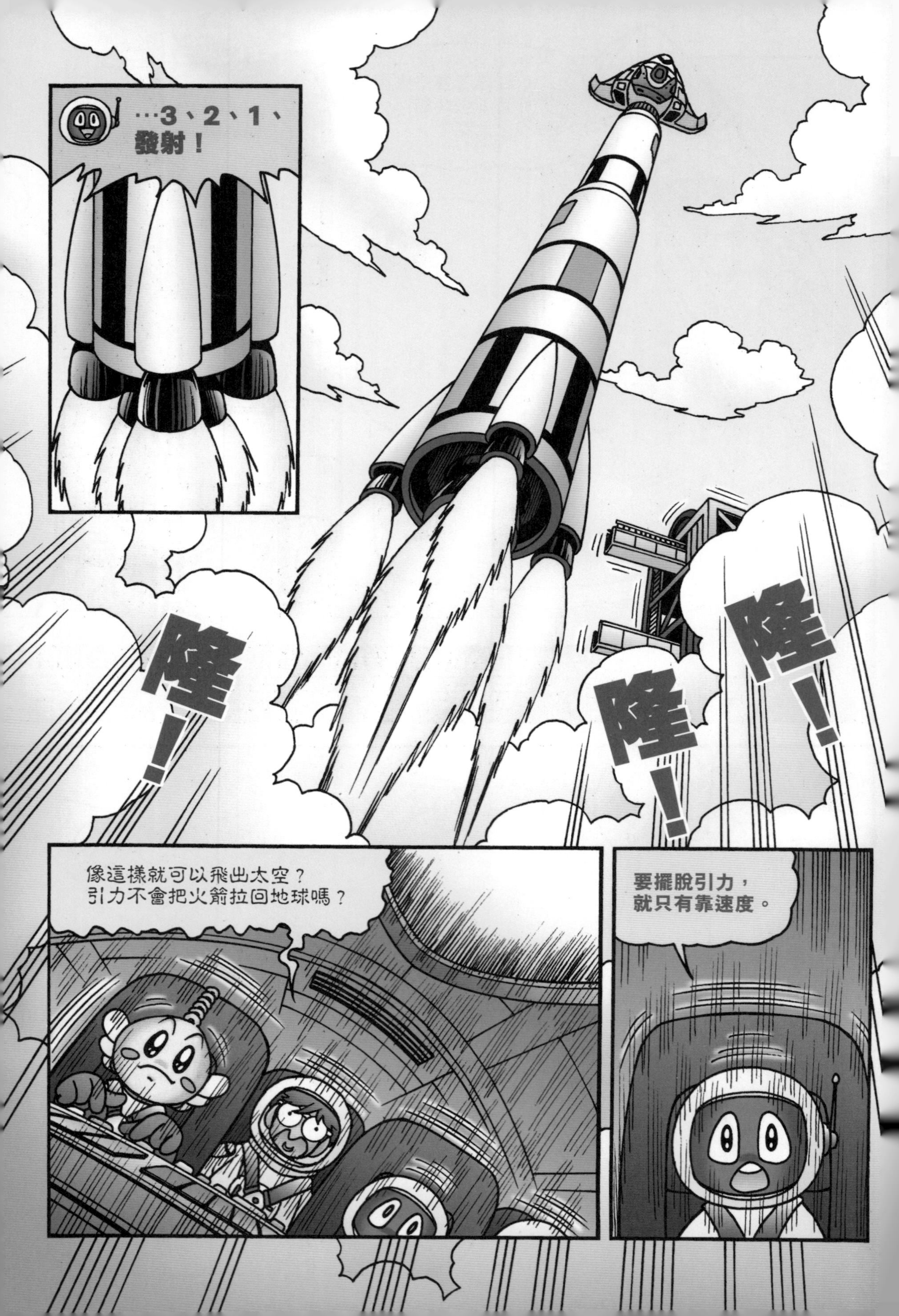
…3、2、1、
發射！
隆！
隆！
隆！
像這樣就可以飛出太空？
引力不會把火箭拉回地球嗎？
要擺脫引力，
就只有靠速度。

飛行速度達到
每秒 7.9 公里，
因此不會
跌落地面，
可以環繞地球飛行。
這叫第一宇宙速度。

速度達到每秒 11.2 公里，可以擺脫地球引力，在太陽系內飛行。
地球
月球
這支火箭會達到第二宇宙速度，對吧？
沒錯！

速度達到每秒 16.7 公里，便能飛離太陽系，進行星際旅行了。
第三宇宙速度
太陽

第一節
火箭脫離，
第二節
火箭點火。
為甚麼
火箭要分開
一節一節呢？

如不分節地把
全部燃料裝滿，
重量會令火箭
難以達到所需速度。

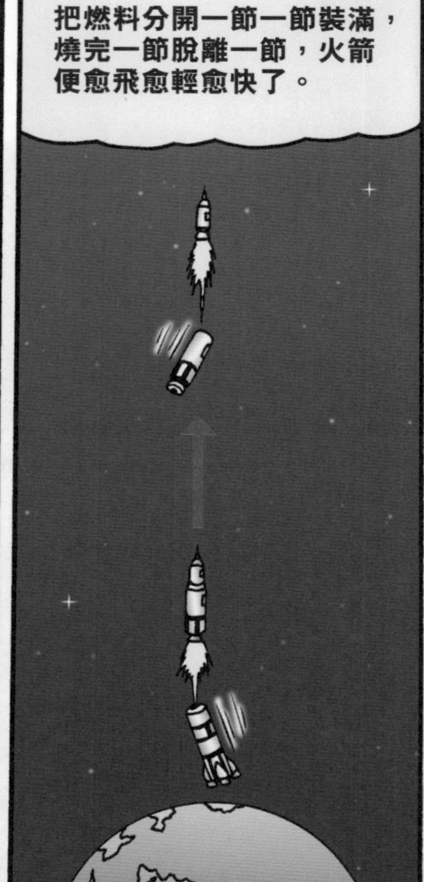

把燃料分開一節一節裝滿，
燒完一節脫離一節，火箭
便愈飛愈輕愈快了。

第二節火箭脫離，太空船進入太空！

已聯絡上 2 號巡邏衛星，
它運作正常，也沒發現
Mr. A 太空船的殘骸。
這麼說，
他們沒被
太空垃圾
擊中！
Mr. A 怕
被我拘捕才
躲起來吧。

嘎~~
嘎~~
指示
2 號巡邏衛星
搜尋 Mr. A！
為甚麼太空船
有健身室？

地球人身體
不適合無重力環境，
因此要不停運動。
我在太空
就如魚
得水啊！

太空的無重力狀態，對地球人有很多方面的影響。

肌肉萎縮

正常四肢　　失重下萎縮的四肢

身體沒有了重量的負擔，
手腳不需用力，肌肉也
就無用武之地，
會漸漸萎縮。

骨質流失

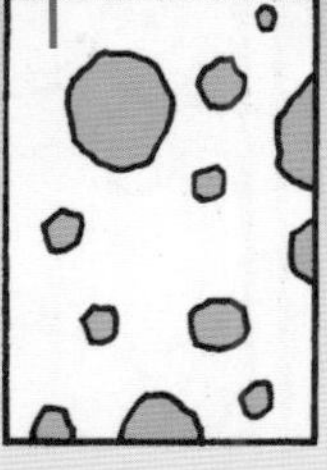

正常骨質密度　　失重下的骨質密度

支撐人體的骨骼因失重狀態
而流失骨質，甚至惡化到
骨質嚴重疏鬆的地步。

容貌改變

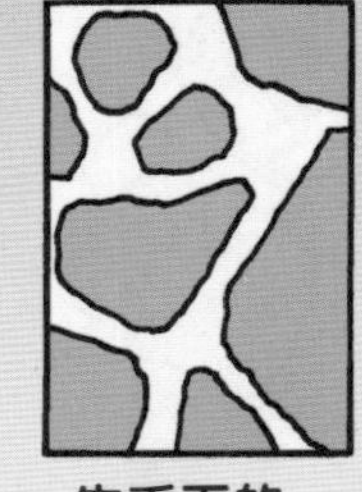

小松臉部變圓

失重後，
血液湧往胸部和
頭部，令臉部
腫脹。

其他影響還包括
紅血球減少、
產生幻覺和
睡眠模式改變等等。

體能訓練就是
對抗失重的
有效方法。
你們要
不停運動，
否則
回到地球時，
會不夠力量
站起來。
是累得沒力氣
站起才真！

嘿嘿！我啟動了反追蹤系統，
才不怕被小 Q 發現。

相機原來在這裏！

你在
幹甚麼？

你不是和小 Q
分享了相片吧？
哈哈！
猜對了！

這麼做會被小 Q
知道我們的位置！
小 Q 要拘捕的是你，
又不是我！

我已收到大剛的相片，知道你的位置了！
慘了！

Mr. A，
你已經
被包圍!!

Mr. A，快出來！

好，就聽你說話！

走為上着!!
哇!!
MR.A廉價
太空旅行團

他又逃了，
真是功虧一簣。

Mr. A 的
太空船會
怎麼處置？
嘎～～
為免它成為
太空垃圾，
會停泊在
我的
太空站。

太空垃圾都是
外星人
帶來的嗎？
其實太空垃圾
全是地球製造的。

太空垃圾就是繞着地球運行
但沒用的人造物體，
包括報廢的人造衛星、測試用的飛彈、
太空站棄掉的垃圾袋，甚至牙刷都有。

太空垃圾嚴重威脅
各種太空飛行器，
甚至危害太空人的性命。
我們穿過
太空垃圾，
就可降落地球。

我雙腿無力，
站不起來啊…
在太空要
不斷運動啊！

【移居太空可能嗎？】

資源短缺、環境污染、人口膨脹等因素，令不少人類有遷離地球，移居太空尋找新資源的慾望，但其他星球也未必適合人類居住啊！

溫度難適應

其他星球因缺乏大氣層防罩，故此全年溫差極大，以氣候算是最接近地球的火星為例，夏天中午可達 20℃，但冬季夜晚可低至 -100℃，人類實難以適應如此低溫。

水源問題

雖然經科學家研究，得知火星、月球等星體內部蘊藏液態水，但還未能了解水來自何處，水質也未必是適合人類飲用的 H2O，必須經過嚴格處理。

宇宙幅射

宇宙幅射包含太陽幅射、銀河幅射等，地球有磁場及大氣層阻隔，但到了太空便會直接吸收，幅射會破壞人體細胞膜，增加患癌風險。

缺乏氧氣

火星大氣層較地球薄，主要成分為二氧化碳，且含大量塵埃，氧氣只佔約 0.14%；月球因為質量太小，以致引力不足以吸引氣體分子，故幾乎沒空氣，更枉論氧氣。

© Time Magazine

肌肉萎縮

太空沒有引力，人類在無重力狀態下會失去重量地飄浮，肌肉會處於鬆馳狀態，從而漸次萎縮，這也是太空人返回地球時無法立刻站起來的原因。

繁殖困難

在無重力環境下，人類不論受孕到生育都會困難重重，即使嬰兒能出生，在太空不能學習平衡感，返回地球後也不能適應。

與其夢想移居其他星球，倒不如大家好好愛護地球，讓它繼續成為適合我們居住的地方吧！

【你可能不知道的太空人生活】

小朋友對浩瀚宇宙充滿興趣，對太空人在無重力狀態下的生活更是滿有好奇心，以下哪些太空生活是對的呢？請在正確答案旁方格打 ✓。

1 太空人在空間站*內仍須穿上太空衣。 → ☐

2 太空人刷牙後會將牙膏吞掉。 → ☐

3 食物都是乾製即食款式，選擇甚少。 → ☐

4 進食時不能邊吃邊説話。 → ☐

5 在太空上每 90 分鐘便迎來日出。 → ☐

6 在空間站內除了運動便無娛樂節目。 → ☐

7 食物調味料都是呈液體狀。 → ☐

8 太空人以抹身代替沖涼。 → ☐

9 太空人飲用的水是從地球帶去的。 → ☐

10 太空人睡覺是睡在被固定的睡袋裏。 → ☐

*「空間站」是太空人在太空工作和休息的地方。

2、4、5、7、10

解說：

1 太空人到空間站外執行任務才須穿太空衣，在裏面穿一般家常服便可。

2 由於太空水資源缺乏，所以不會用水漱口，特製牙膏可食用，刷牙後可吞下。

3 食物多被製成脱水或真空包裝，在空間站內加水加熱即可食用。現時的太空食物有過百種，上太空一星期款式也可不重複。

4 在無重力狀態下進食不合上嘴巴咀嚼，碎屑會從口腔飛出來。

5 由於空間站是繞着地球運行，每 90 分鐘便會迎來一次日出，所以太空人不能遵照地球上「日出而作，日入而息」生活，只可跟從航空站指定時間休息。

6 太空人在空餘時間除了運動鍛煉體魄，也可上網打發時間。

7 為免粉狀調味料在無重空間內亂飛，鹽、胡椒粉等都會被製成液體狀。

8 太空人會在空間站沖涼，特製肥皂不用水便會起泡，沖身時須在淋浴袋內進行，以免水珠濺出。

9 從地球運送水到太空成本高昂，一般會將空間站內梳洗用過的水、尿液等過濾處理為純淨水，然後飲用。

10 以免睡眠時在無重力環境下四處飄浮。

瘋狂生態導賞團
嘩！今天天氣很好啊！
來到郊野公園，
心情都輕鬆了不少呢！
注意：
危險動作！
啊？
嘻嘻～
啊呀！

我的香蕉
被猴子搶走了！
這裏是猴子們的家，
隨便拿着食物或膠袋的話
會招來牠們搶掠啊！
除了猴子，郊野公園也是
很多生物棲身的地方呢！
有嗎？我只看到
猴子而已！

只要細心看，細心聽，
就會發現到的了！
香港瘰螈
朱背啄花鳥
沼蛙
紅鋸蛺蝶
真的呢！

看着這些動物真是
自由自在！
不知道牠們的生活
是怎樣的呢？
大概就是
閒來無事，所以
搶我們的食物吧！

金牌導賞精靈！
Yo~hoo~！
各位團友！
跟我一起
探索大自然
吧！

歡迎歡迎！
大自然
很有趣的啊！
你也急不及待
了吧！
這位精靈十分熱情呢…
哈哈！這樣
才好玩啊！
好！各位團友，
接下來我會帶你們
上天下地，
追蹤不同生物，
暗訪牠們的居所，
保證讓你們
樂而忘返！

不過，在出發之前，有些
事項是大家必須遵守的！
參加生態導賞的守則：
1. 不可餵飼
2. 不隨意觸碰任何動植物
3. 不騷擾或恫嚇所見的生物
4. 嚴禁留下任何垃圾
5. 不可帶走任何大自然的東西
明白！

很好！那麼，
第一站我們就
先去探訪附近的
猴子們吧！

嘩！發生甚麼事!?
我可是金牌導賞員啊！當然會帶給大家
更深入更豐富的導賞旅程！
好！出發吧！

第一站　城門郊野公園
猴子們在哪？剛才明明有很多的啊…

找到了！
獼猴
與長尾獼猴同屬香港常見的猴子品種，主要分佈於金山、獅子山、城門郊野公園及大埔滘自然保護區內，估計數量約為2000隻。群居，族群由數十至百餘隻組成，成員間會互相理毛和嬉戲。一般愛吃果實，也會吃草葉或昆蟲。

喂喂！你們忘了守則了嗎──？

停住！你們是甚麼猴？怎麼沒見過你們的？
你們是從金山那邊過來的傢伙嗎？快回到自己的地盤吧！

哎吔吔，兩位猴大哥，不好意思！他們只是太熱情而已！我們剛巧路經此處，沒惡意的！
熱情的精靈居然說我們太熱情…

嗯!?那不就是…

「動物小精靈」
中的「穿山鼠」？
那不是
虛構的嗎!?
真名為「穿山甲」，受驚時會捲縮成球形。
因背部鱗片含藥用價值而遭過度捕獵，現為瀕危物種。
一般居於自然深處，不易遇到。

穿山鼠！回去當我的寵物吧！
嗯!?

啊？變了一個球！
哎吔吔！
你們幾個！

剛才不是說過，不可以隨便
騷擾或恫嚇野生動物嗎？
再有下次，我就讓你們
一直保持着猴子的模樣！
對不起…
剛才一時
忘形了…

第二站　大埔
鳳園蝴蝶保育區
歡迎來到香港
最重要的
蝴蝶保育區——
鳳園！
嘩！這裏真的
有很多不同品種
蝴蝶呢！
全都很美啊！
原來香港
有這麼多
蝴蝶的嗎？
對啊！香港其實
有超過200種
蝴蝶，當中
更有些是
珍稀品種呢！
嘎…
嘎…

沒錯！
你們看！
金裳鳳蝶
香港體形最大的蝴蝶，
展翅時可長達16厘米。
罕見。

苧麻珍蝶
2002年才在香港發現
的新品種。罕見。
報喜斑粉蝶
翅膀顏色豐富，展翅時
約長7厘米。十分常見。

虎斑蝶
鮮艷的橙色斑紋，是
帶毒性的警告！常見。

啊？

怎麼那隻蝴蝶的翅膀上寫了字的？
莫非是頑童的惡作劇？
10110
YSK541
西山

不是啊～
這些字是日本研究人員
寫上去的記號！
日本!?

那麼，你是從日本
飛來香港的嗎？
對啊！季節性遷徙是
部分蝴蝶的天性呢！
從日本而來的大絹斑蝶，
於2011年底被發現。
飛行距離達2500公里，
是世界上第二長的蝴蝶飛行路線！

喂！這一站一點都不有趣！
快點去下站好嗎？
大剛，看來你是
時候減減肥了！

第三站 新界某處岩洞

到了！
各位請進！
甚麼？
進去？

既然都來到了，
就進去看看吧~~
哇！小Q等等我！

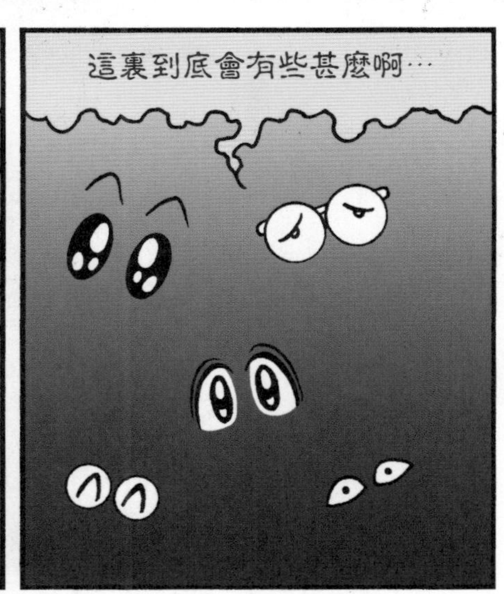
這裏到底會有些甚麼啊…

哎吔！

小Q你幹嘛
突然停下啊！
啊？我在你
後面啊！

那麼…
?!

這些是…!!
晝伏夜出的蝙蝠，其實是香港品種最多的哺乳類動物，55種中佔了26種！當中約一半居於洞穴或引水道內。蝙蝠雖以吸血而聞名，但其實絕大部分蝙蝠都是吃昆蟲或果實為主，對控制昆蟲數量和傳播種子十分重要！
吸血鬼啊～～～～!!
哇!!
糟了…小松你把牠們全吵醒了…

快…快…

快逃啊～～～～!!

第四站
香港的天空
嘎…總算安全了…
真是的！連我也被你嚇了一跳！
嗯!?
原來…香港有這麼多樹林和郊野的嗎？
香港有四成土地都是屬於郊野公園或自然保育區範圍呢！這些區域禁止大型工程，因此能好好保護自然生態！
哇…我還一直以為，香港大部分地方都是大廈和商場呢…
郊野公園中還開闢了不少自然小徑，讓人可以完全走進大自然中，或是登高望遠，舒展身心！
對呢！我曾跟爸爸媽媽行過港島徑，風景真的很美呢！
晴晴你真有眼光！港島徑曾被評為全球十大市區郊遊徑之一呢！是世界級的遠足徑啊！

哇！蝙蝠
追來了嗎？

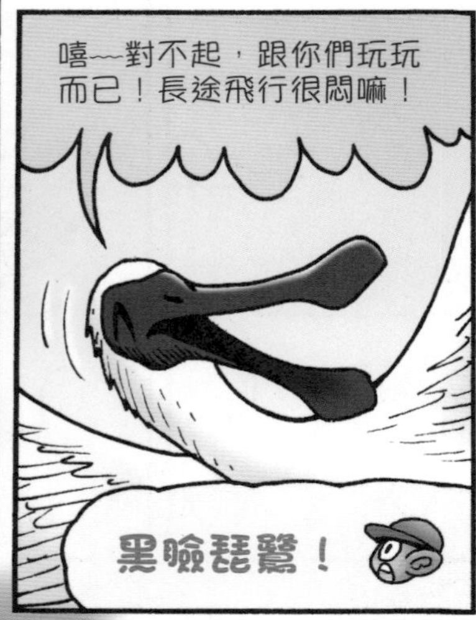

嘻~~對不起，跟你們玩玩
而已！長途飛行很悶嘛！
黑臉琵鷺！

黑臉琵鷺（音：皮路）是一種會來香港過冬的大型候鳥，最大特點是黑色的臉和形狀獨特的喙。愛吃淺水處的魚和蝦。春、夏季時會在韓國一帶繁殖，冬季會南遷至香港、日本、台灣、越南及菲律賓等地。黑臉琵鷺已被列為「瀕危」物種，目前全球估計只剩約4000隻。

見到你們
真高興！
你們又來港
過冬吧！
對啊！香港的郊野環境
多樣化，有海岸、溪流、
林地，還有對我們最重要的
濕地！加上氣候宜人，很多
鳥類朋友都被吸引到來呢！

香港已發現超過500種鳥類品種，佔全球總數的20分之1，是個非常難得的雀鳥生態寶庫！

對了！你們有
到過米埔嗎？
那是我們
最愛到的濕地
呢！
是啊！那兒有
好多魚吃的啊！
不如我們一起
飛到那裏去吧！

米埔自然保護區
位於元朗北部的一片濕地區域，生態價值極高，有多種生物在此繁衍，冬季時更有不少候鳥逗留。

嗯？

大家看看那邊！
那裏不是
郊野公園範圍嗎？
怎會有大型工程
進行的？
不對勁！
我們下去
看看吧！

轟轟隆！

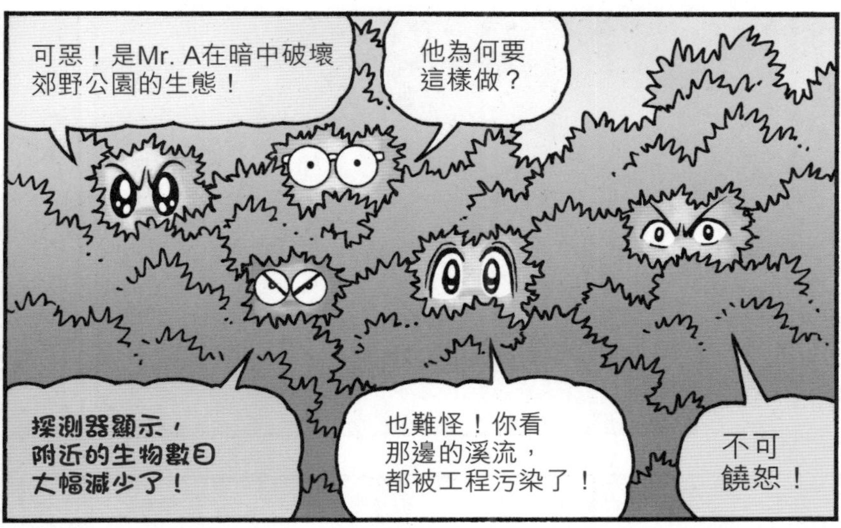
可惡！是Mr. A在暗中破壞郊野公園的生態！
他為何要這樣做？
探測器顯示，附近的生物數目大幅減少了！
也難怪！你看那邊的溪流，都被工程污染了！
不可饒恕！

嘻嘻~讓我把這些樹木都剷光，興建我的Mr. A秘密豪華俱樂部吧！
隆隆隆！

小Q，現在該怎樣做？
這樣吧！大家分頭行事…

Mr. A！立即停手！

哦？被發現了嗎？不過，你們又能拿我怎樣啊？

大家！出來吧！

嘩！
這些動物都是因為你的破壞而受盡苦頭！如果你還想繼續的話，就先問問牠們吧！
糟了…
兩個月後…
Mr.A 生態保育樂園
晴晴，你要他把俱樂部改建成保育區的提議真的很棒呢！你看，各種動物都很高興啊！
各位動物大哥，你們滿意這個家了嗎？我可以離開了嗎？
其實這也只是折衷方法，因為即使把屋拆掉，生態亦已受破壞，所以只好這樣，盡力修復吧！
生態被破壞後，往往需要很長時間才能恢復呢…看來這次Mr. A還要留在這裏當苦力好一段日子了～
～完～

尋訪香港特色品種

香港雖然細小，但仍蘊含豐富資源，孕育不同物種生長。以下這些你們有見過嗎？

新品種

弦月窗螢

近年新發現螢火蟲品種中體積最大，雄螢體長 20mm，雌螢約長 47mm，常出沒於新界及大嶼山林區，活躍於10月下旬至12月上旬，最佳觀賞時間為晚上7:30 至 8:30。

→幼蟲

斯米玳灰蝶

多出沒於亞熱帶地區，2017年首次於香港被發現。屬中型灰蝶，成蝶展翅長度約 30 至 35mm，翅膀有啡色及白色斑點。

香港獨有品種

鮑氏雙足蜥

也是香港唯一雙足蜥，分佈於喜靈洲、周公島等地。雖屬蜥蜴科，但無足，貌似蚯蚓。因晝伏夜出，且多鑽進泥土棲息，所以較難發現。

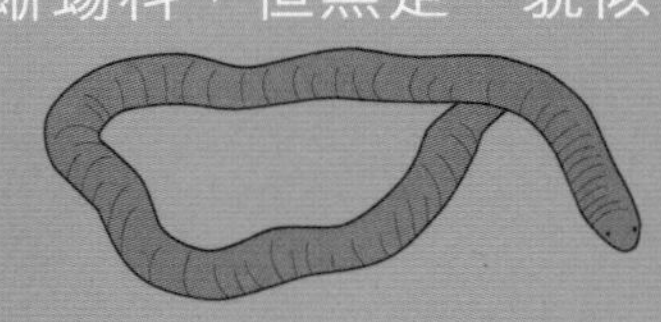

賽芳閩春蜓

本地稀有蜻蜓品種，活躍於烏蛟騰老圍，身長 38.5mm，體型中等，呈黃黑色。

瀕危物種

盧文氏樹蛙

又名「盧氏小樹蛙」，香港特有物種，被發現於赤鱲角、南丫島、大嶼山等地。體型細小，身長只得 15 至 20mm，背部呈棕色並有交叉形斑紋，能起隱藏作用。屬夜行性動物，食物以細小昆蟲為主。因環境建設對牠們生存構成嚴重威脅，數量不斷在減少，被列為「極度瀕危」物種。

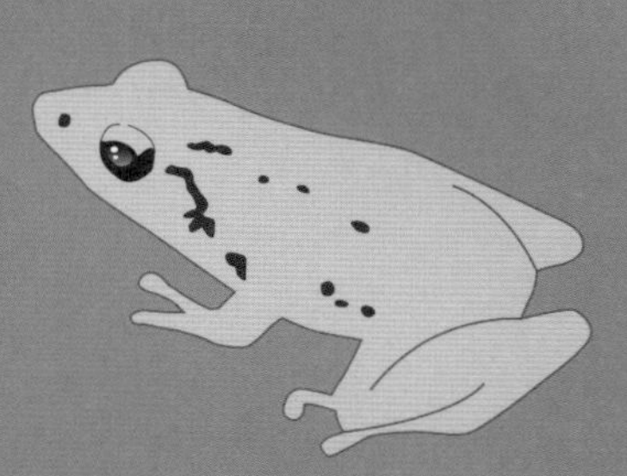

綠海龜

由於幼龜死亡率高、人為捕獵及產卵地被騷擾，綠海龜被列為瀕危物種。南丫島深灣是綠海龜在港唯一產卵地點，故深灣已被劃為限制地區，實施出入管制。

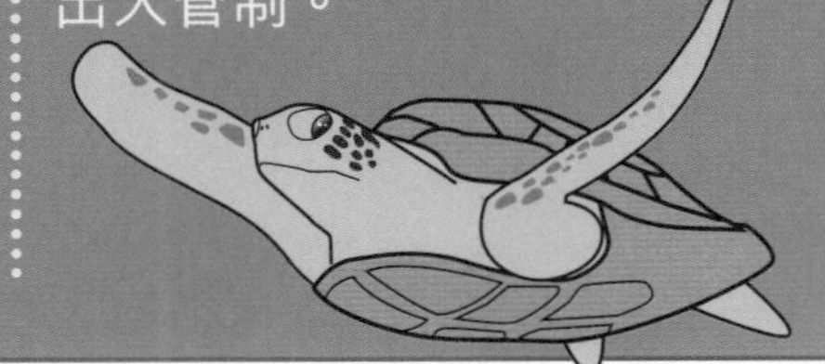

大自然環境不只屬於人類的，也是其他生物棲息地，所以我們要努力愛護環境，讓所有生物可以共存啊！

郊野守則告示牌

圖中郊野公園有多處遊人破壞環境及自然生態行為，請你們將下方告示牌安放在正確位置吧（填寫英文字母）！

A 不可餵飼

B 切勿破壞自然景物

C 切勿隨處拋棄垃圾

D 切勿在燒烤場範圍外生火

E 不可隨意觸碰動植物

F 切勿污染水源

拯救真菌大行動！
天氣真熱啊！肚子又餓！我快要暈倒了！
我有一個麵包，給你吃吧！
哦？
不要吃呀!!
啊？
哼！你真惡毒啊！難道你想我真的暈倒嗎？
這個麵包是發霉的！你不怕肚痛就吃吧！

真的發霉了呢！

你竟敢把
發了霉的麵包
給我吃?!
我不是故意的……
我也不知道
它發了霉呀！

他只是好心
想幫你呀！
你要罵就罵
那些霉菌吧！

討厭的霉菌！
害我吃不到
麵包！

你知道嗎？所有真菌都會帶來
禍患！霉菌就是其中一種！
啊？

真菌消失劑

只要你用它來
噴射真菌，就可以
消滅它們！
這麼厲害？
那我就要
一枝吧！

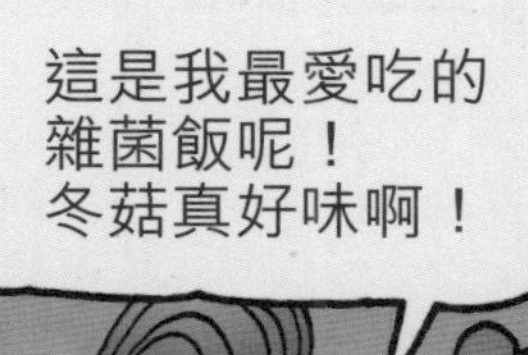
這是我最愛吃的
雜菌飯呢！
冬菇真好味啊！

我最討厭就是
吃冬菇……

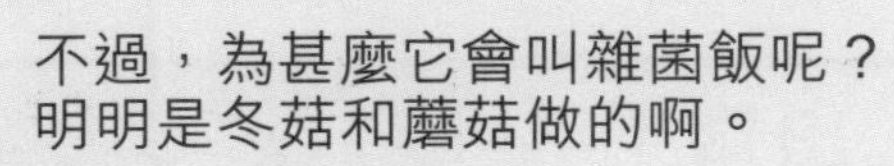
不過，為甚麼它會叫雜菌飯呢？
明明是冬菇和蘑菇做的啊。

這個我倒
沒想過……
雜菌？難道裏面
有真菌？

不要吃呀！讓我消滅這些真菌！
嘩！我的
冬菇呀！
吓？

嘩!!
停手!!

小Q！
你為甚麼要
妨礙我消滅
真菌？
真菌是很重要
的生物！
你胡亂將它們
消滅，會引起
很多問題的！

真菌？哪裏有
真菌啊？
真菌是甚麼
來的？
這個……

模擬真菌世界！

嘩！好像
很有趣呢！
進入了模擬真菌世界，
我們就可以增加對
真菌的知識了！

出發！

嘩

嘩！很美麗啊！
好像夢幻仙境呢！
歡迎參觀真菌世界！
我是你們的導遊，
真菌小精靈！
這裏哪有
甚麼真菌？
是我最愛的
冬菇啊！
這裏不是
真菌世界嗎？
為甚麼
到處都是
冬菇、蘑菇
這些植物的？
你誤會了！菇類不是
植物，是真菌呢！
甚麼?!

你們看！菇類和植物的結構截然不同呢！

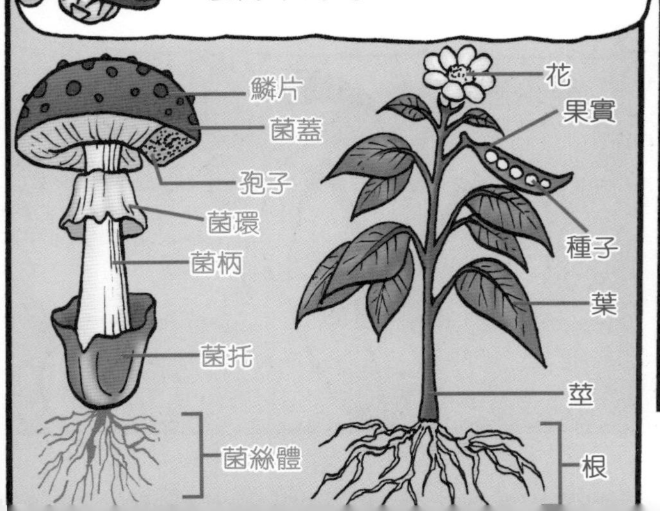

植物能透過光合作用來製造養分；菇類則不能，因此須依附其他有機物（例如植物）來吸收營養。

由於菇類符合真菌的生物結構，所以被歸類為真菌。

金菇、木耳、雪耳也是真菌嗎？
木耳
雪耳
金菇
對呀！其實食用真菌真是多不勝數呢！它們含豐富蛋白質、膳食纖維等營養，多吃有益啊！

咦？

嘩！蟲呀！
啊?!
我不是蟲，是冬蟲夏草！

有甚麼好大驚小怪的！我媽媽說冬蟲夏草只是樣子像蟲的草！
不是啊！我媽媽說是樣子像草的蟲呢……

你們都不全對呢。其實我是真菌寄生在幼蟲屍體所形成的複合物！
甚麼？

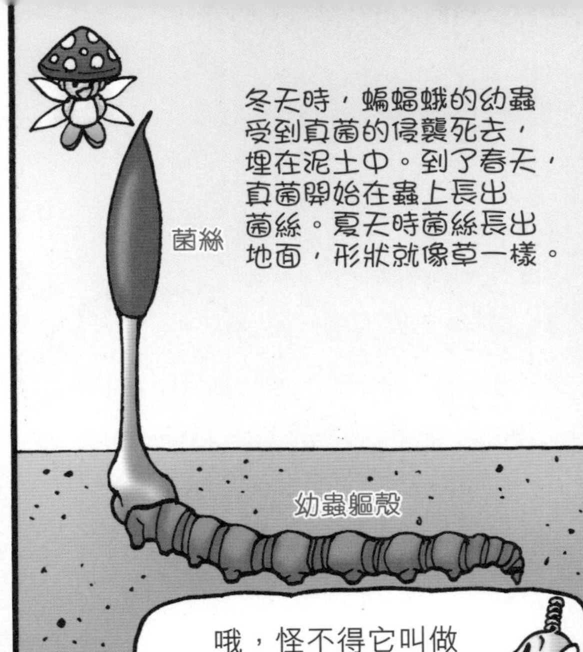
冬天時，蝙蝠蛾的幼蟲受到真菌的侵襲死去，埋在泥土中。到了春天，真菌開始在蟲上長出菌絲。夏天時菌絲長出地面，形狀就像草一樣。
菌絲
幼蟲軀殼
哦，怪不得它叫做「冬蟲夏草」呢！

咦？是靈芝呀！
對啊，靈芝也是用來做藥材的真菌之一呢。

這是甚麼？樣子真趣怪啊！
這是青黴菌。它們可用來製造一種叫盤尼西林的抗生素。

抗生素？甚麼來的？
抗生素能夠殺死體內引起疾病的細菌，或者抑制它們生長，是很重要的藥物。

聽說服用抗生素是不可以中途停藥的，是真的嗎？
是呀，病人必須按醫生指示把抗生素吃完。若中途停藥，細菌就會產生抗藥性，即是藥物對那種細菌已經失效了。

咦？這不是我爸爸常常喝的紅酒嗎？你不是說紅酒也是真菌吧？
當然不是！不過，你爸爸可以喝到紅酒，都是全靠真菌呀！

你看！酵母菌在葡萄汁裏進行
發酵，釋出酒精和二氧化碳，
紅酒就是這樣釀製而成的。

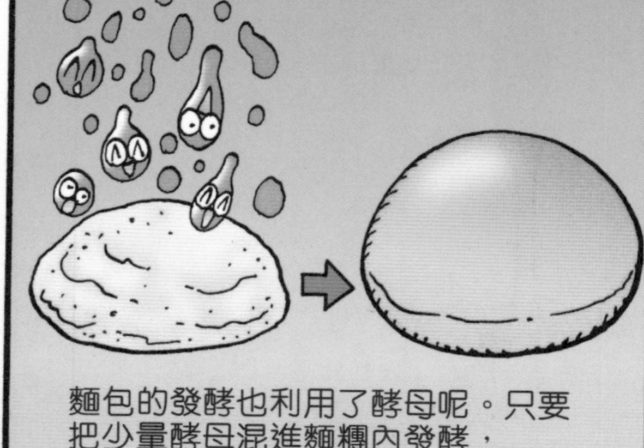

麵包的發酵也利用了酵母呢。只要
把少量酵母混進麵糰內發酵，
過程中釋出的二氧化碳形成氣泡，
本來結實的麵糰就會膨脹，
可焗製成鬆軟的麵包！

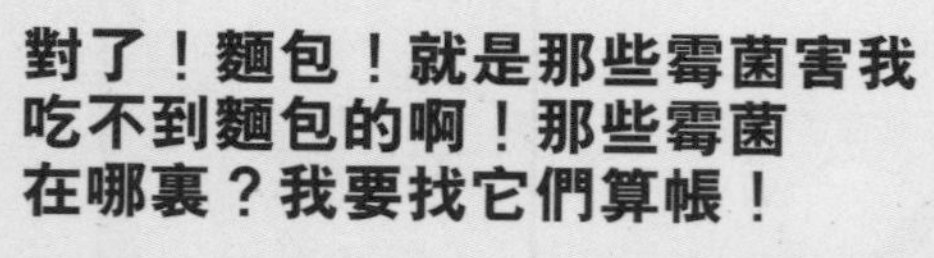

對了！麵包！就是那些霉菌害我
吃不到麵包的啊！那些霉菌
在哪裏？我要找它們算帳！

算甚麼帳嘛！在這裏的都只是
模擬真菌，又不是真的⋯⋯

這就是霉菌的樣子了。它們喜歡
在不透氣、潮濕的地方生長，
找到合適的環境就會長出菌絲
來吸收營養。
菌絲
怪不得到了春天，
東西特別容易發霉！

接觸到這些
霉菌會有
甚麼後果呢？
吸入霉菌可引發
過敏性鼻炎、氣喘
及呼吸困難。
若不慎吃進霉菌，
最嚴重可致命啊！

我媽媽教我
把水果發霉的
部分切掉，將
其餘的部分
吃下，就可以
減少浪費了。
千萬不可！由於
霉菌非常細小，
看起來沒有發霉
的地方也可能
沾染了霉菌！
即使食物只有
少部分發了霉，
都要整個丟掉啊！

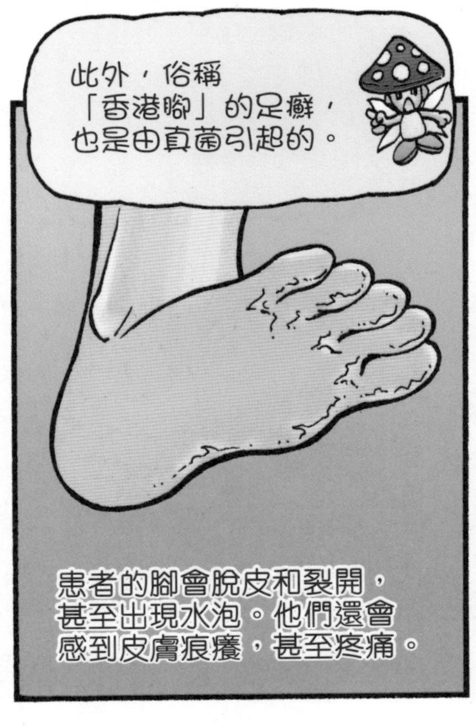

此外，俗稱
「香港腳」的足癬，
也是由真菌引起的。
患者的腳會脫皮和裂開，
甚至出現水泡。他們還會
感到皮膚痕癢，甚至疼痛。

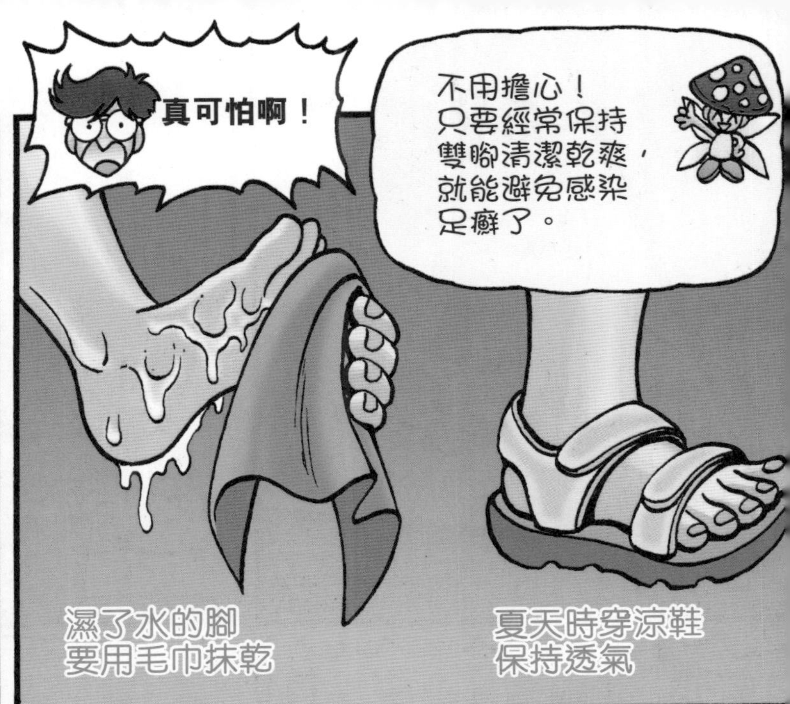

真可怕啊！
不用擔心！
只要經常保持
雙腳清潔乾爽，
就能避免感染
足癬了。
濕了水的腳
要用毛巾抹乾
夏天時穿涼鞋
保持透氣

對！只要注意衛生，就可避免受到
真菌的危害。而且真菌有這麼多
好處，我們該善用它們才對呢。
可是，聽聞真菌
最近受到人類
惡意襲擊，我們
都感到很傷心呀。

其實，殘害真菌的
兇手就是他！
沒有啊！
我只是殺掉了
丁點兒的真菌！
無傷大雅的吧！

原來是你?!
是Mr. A說全部真菌
都有害，我才到處
消滅它們呀……
實在太過分了！你現在立刻
回到現實世界，恢復真菌的
數量，補償它們的損失吧！
哇！
救命呀!!

嘩

哼！大剛！都是你做的好事！
現在怎麼辦呀？有甚麼方法可以拯救真菌？

生物改造螺旋！

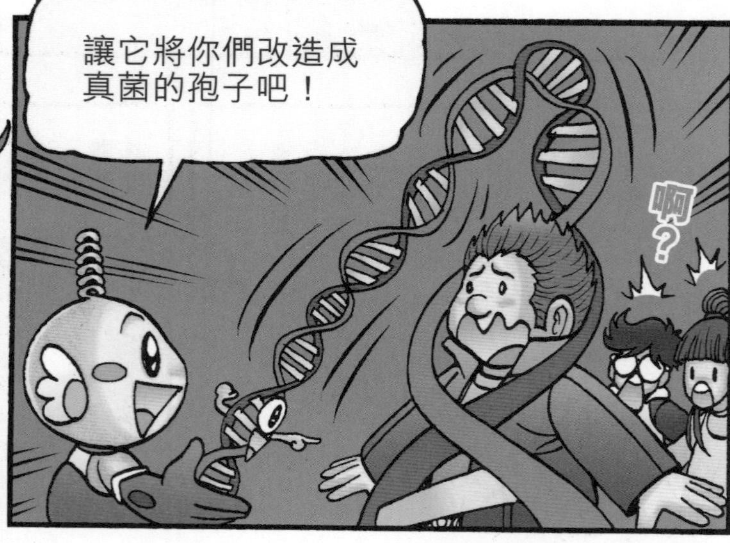
讓它將你們改造成真菌的孢子吧！
啊？

不要這樣懲罰我呀！
我不想做真菌呀！
你們只是暫時性變做真菌孢子！你們要趁這段時間生長和繁殖，當真菌數量回復正常後，你們就會恢復原狀。
生長和繁殖？我不懂呀……

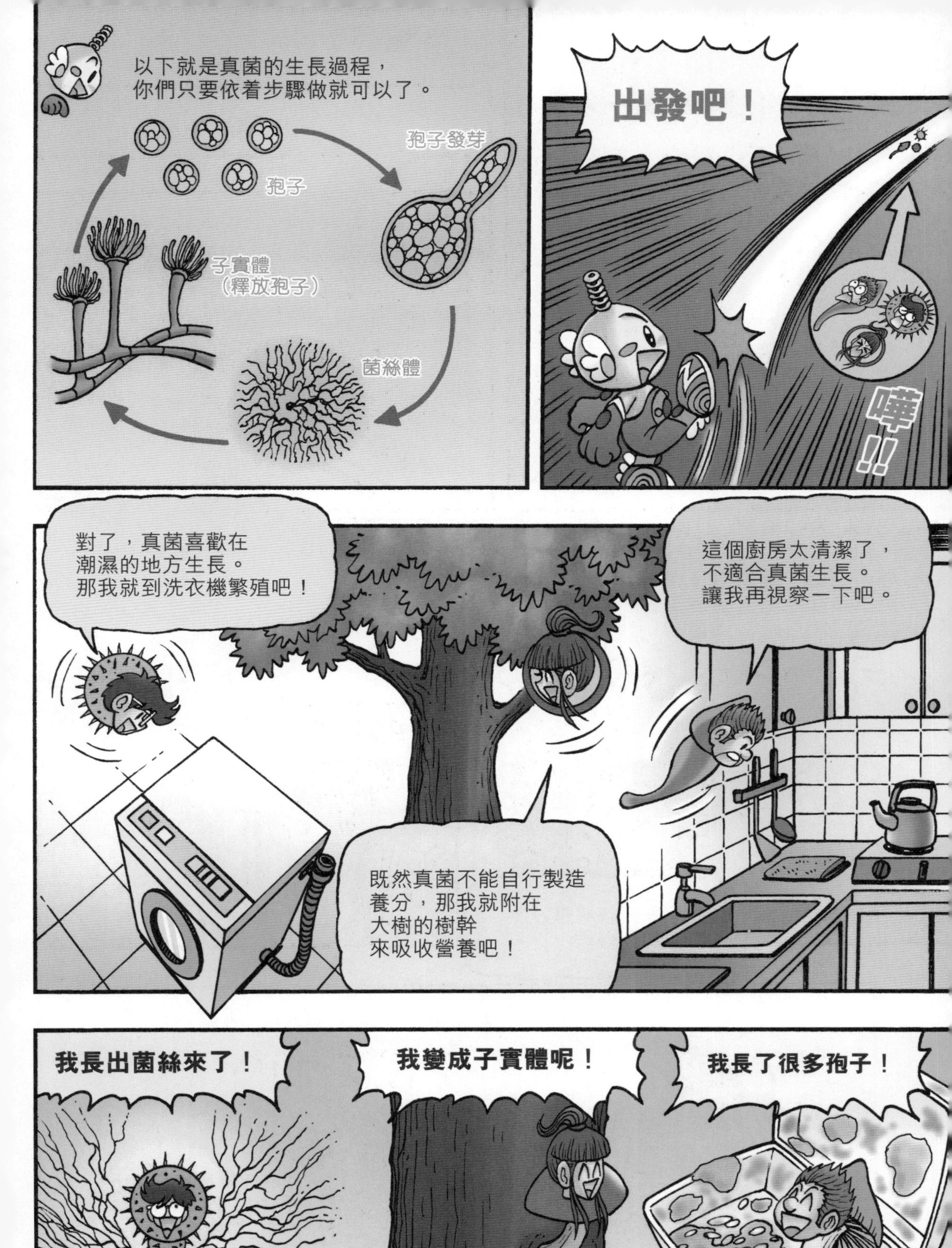

以下就是真菌的生長過程，
你們只要依着步驟做就可以了。
孢子
孢子發芽
菌絲體
子實體
（釋放孢子）
出發吧！
嘩!!
對了，真菌喜歡在
潮濕的地方生長。
那我就到洗衣機繁殖吧！
這個廚房太清潔了，
不適合真菌生長。
讓我再視察一下吧。
既然真菌不能自行製造
養分，那我就附在
大樹的樹幹
來吸收營養吧！
我長出菌絲來了！
我變成子實體呢！
我長了很多孢子！

發射孢子吧！
沙

幾小時後……

太好了！真菌數量終於回復正常了！

哼，如果一開始不是大剛
用這噴霧劑胡亂噴射，
我們又哪用拯救真菌？
對了，這噴霧劑好像
在哪裏見過……

我想起了！這是
漂白水噴霧劑，
在超市好像
賣15圓一枝。

甚麼？
我用200圓
買的！

騙子！不要走呀！還我200圓！
哈哈~~

【黴菌是敵是友？】

目前被發現的真菌超過 10 萬種，當中包括可看見的食用真菌（菇菌類），和看不見的桿菌、螺旋菌等，當中以黴菌（霉菌）最令人又愛又恨，到底為甚麼？

黴菌＝朋友？

青黴菌

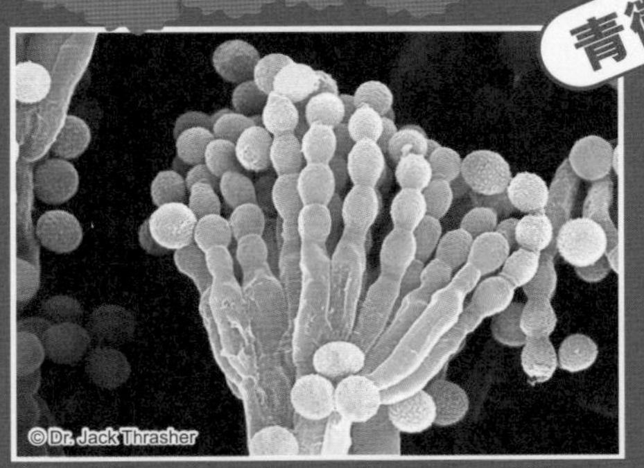
© Dr. Jack Thrasher

含殺菌作用，卻不會對人類和動物帶來傷害，提取出來的青黴素可製成抗生素盤尼西林。而羅克福芝士、藍芝士、意大利香腸等亦加入了青黴菌，以增加獨特香氣。

米麴菌

© Grinberg News

在日本料理中被廣泛應用，醬油、味噌、米醋、清酒等均以米麴菌發酵，不僅帶香氣，更有助消化及吸收營養，故被日本人視為「國菌」。

黴菌＝敵人？

黃麴黴菌

© inspq

常見於粟米、花生等穀類食品中，是黴菌界中毒性最強一員，在高溫且潮濕環境中毒效更高，一次大量攝入，可導致急性肝炎；微量持續攝入，可致慢性中毒、肝癌，故被世界衛生組織評為一級致癌物。

鐮刀菌

© Alchetron

因孢子呈鐮刀狀而得名，在空氣、植物、土壤均見蹤影，免疫系統較差的人容易受感染，進入體內會有頭暈、頭痛、嘔吐、腹瀉等症狀，進入眼睛會引致角膜炎，嚴重可致盲。

黑黴菌

© Science Photo Library

家居最常見黴菌，浴室瓷磚隙罅、牆壁、冰箱門邊軟墊的黑色點，單憑肉眼也可辨認，孢子暴露於空氣中可誘發呼吸系統疾病、腦神經損傷等。

怎樣清潔家中黴菌？

醋、酒精、梳打粉、稀釋漂白水，都可有效去除黴菌，用後務必要用乾布擦拭乾淨。

【將益菌吃進肚子裏】

也不是所有菌都有害啊！我們常接觸的食物，很多都使用了真菌醃製和釀造。以下的餐牌中，哪道菜使用了發酵材料製作？請將菜名圈起來吧！

答案 味噌湯　糖醋排骨　豉椒炒蜆　腐乳通菜　酥炸臭豆腐　泡菜炒豬肉
酒釀丸子　乳酪　啤酒　紅酒

部分答案解說：

糖醋排骨：使用的鎮江醋是黑醋一種，先以糯米釀成米酒，再加入醋酸菌發酵而成。

豉椒炒蜆：豆豉是將黃豆或黑豆蒸煮浸泡，造成豆麴，再加入鹽發酵製作。

腐乳通菜：腐乳是將豆腐切成小塊，壓走水分，加入黴菌發酵製成的豆製品。

酥炸臭豆腐：將新鮮豆腐浸泡在臭滷水中發酵至發出臭味，便成臭豆腐。臭滷水昔日是以菜梗、肉類等加入水製成，但因衛生問題，現時多以發酵液代替。

酒釀丸子：酒釀是以蒸熟的糯米飯加入酒麴發酵而成的甜米酒，不僅帶淡淡幽香，還有補身之效。

不翼而飛的儲值
小松！你終於放學了！
我們一起去巡邏，看看
有沒有人需要幫助吧！
噹噹
與晴晴相處的時間又被破壞了……
哈！小Q很喜歡你呢！

天氣那麼熱，我們先買些飲料消消暑吧！
好啊！

啊！
嘟~~

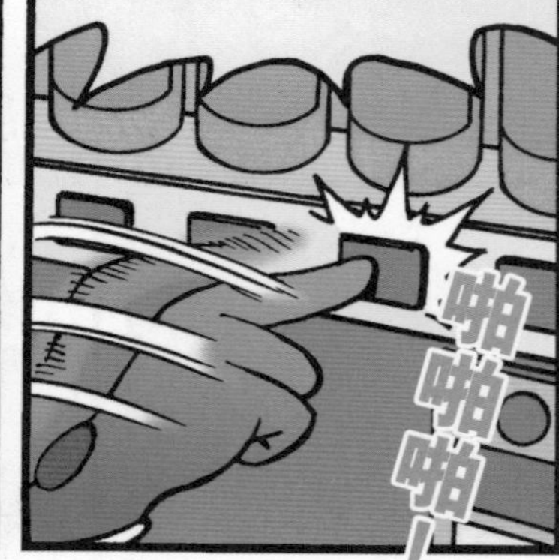

啊？怎麼沒反應的？
啪啪啪！

這樣拍卡就行了嗎？

嘩！
真冰涼！

啊啊~~！
在這部機器買飲料不用付錢的？

甚麼!?
吣~~！
餘額不足

哈哈！甲蟲卡是買不到飲料的啊！要用這張「發達通」才行！

甚麼事？
怎麼沒錢的？昨天我明明增值了的啊……
嗚哇～我的儲值不翼而飛了！小Q，快借我法寶查出真相啊！
不用擔心！讓我來幫你吧！
可是，甚麼是「發達通」？
不如讓它親自來解說吧！
自動變身貼紙！
只要把貼紙貼在物件上，它便會變成會說話的機械人！
哈囉！我是發達通小子！讓我來自我介紹吧！

我其實是一種「智能卡」。
我和其他同伴一樣，
體內都有一塊微型晶片。
那是我們最重要的部分，
令我們擁有「智能」！

啊？那你們擁有
甚麼智能？

呵！我們可以把資料儲存起來，
並將它們保密，防止不當讀取
或修改。例如我就能把卡內的
金額、優惠積分、消費紀錄以及
卡主的個人資料等牢牢記着！
餘額
積分
個人
資料
消費
紀錄

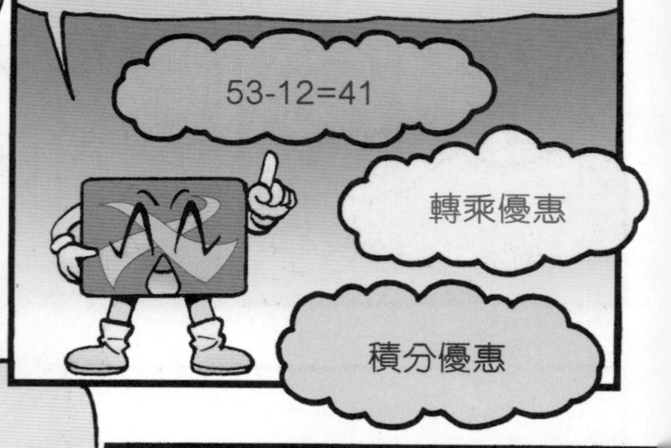
此外，我們更有運算能力。
以我來説當然是金額的運算，
除了簡單的扣款，還要顧及
眾多不同優惠的效果呢！
53-12=41
轉乘優惠
積分優惠

另外如醫療卡、手機 SIM 卡
或電子貨幣卡等同伴，也要
通過運算來修改所載資料。
醫
療
PPS

啊？那到底智能卡
有多少種呢？
嘿嘿……
我的同伴
可多了！

智能卡可以按使用形式分成三大類。第一類是「接觸式」。

接觸式

接觸式智能卡的表面必定有一小塊金屬部分，那是卡內晶片與讀卡器之間的接觸點，用於供電及資料傳輸。

這類卡的讀卡方式是物理式的，使用時須把卡插入讀卡器內，使用上較為不便，接觸點也有可能因污垢而接觸不良，但保安功能較好。

香港的智能身份證、信用卡、醫療卡或手提電話的 SIM 卡等資料需要較高保護的卡，便屬於這一類！

怪不得要把身份證放在保護套內，就是為防止接觸點被弄污吧！
對了！

那麼，像你這種毋須插卡的，又是哪一類？
別心急，馬上告訴你！

第二類是「非接觸式」。
非接觸式

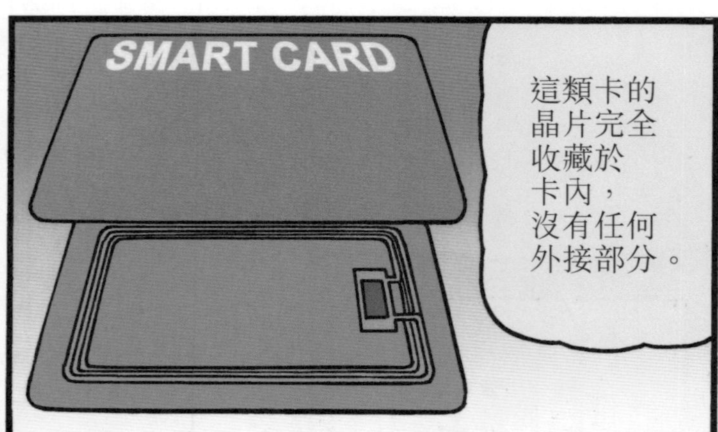
SMART CARD
這類卡的晶片完全收藏於卡內，沒有任何外接部分。

讀卡方式是感應式的，只須把卡靠近讀卡器，便能自動感應，完成存取，非常方便！
職員證
住戶證

收費 20.0
餘額 156.9
我便是屬於這一類了！另外，部分職員證或住戶證也是使用這類卡，方便使用者出入。

混合式
信用卡
第三類是「混合式」。顧名思義，就是能利用物理式和感應式兩種方式讀卡。
部分信用卡或優惠卡，便整合了兩種讀卡方式，兼顧了安全性及方便性。
信用卡
優惠卡

嘩！原來智能卡的
應用是這麼廣泛的！

啊！可是為甚麼你能隔空傳送資料？
你也只是薄薄的一張卡而已！

哼！別小看我呢！我可是巧妙地
利用了物理學的電磁感應原理
來運作的！

電「池」感應？

快感應出小 Q 身上
哪裏有電池~~
不是這種
電池啊!!
哈哈……

快停下來讓我解釋啊！

如果我們
把一條電線
繞成線圈……

然後把一塊磁鐵
推向它……

NS

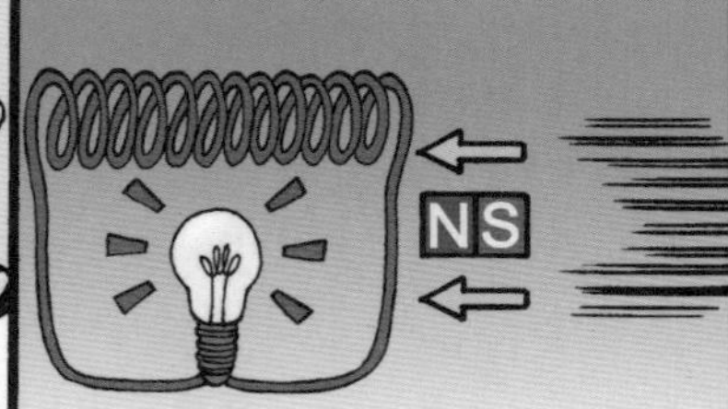

NS

便會發現線圈
感生出電流！

這個「由磁生電」的
現象，就是電磁感應！
第一個發現此現象的人，
就是被譽為電磁學之父的米高・法拉第。

我的體內除了有一塊晶片，
其實還有一個線圈，可以
作為天線來跟讀卡器溝通。

讀卡器是一個連接到電腦，
並會發出無線電波的機器。
無線電波是一個以高頻率振動的磁場。

當智能卡接近讀卡器時，
會接收到它發出的無線電波。
卡內的線圈會感應到電波中不斷
改變的磁場，從而產生電流！

藉着這個感生出來
的電流，晶片便
能夠存取資料及
進行運算。

扣除 5 元，
餘下 50 元。
收費 5.0
餘額 50.0
運算完成後，晶片會把
新的結果儲存起來，同時亦會
透過線圈發送無線電波，
把結果傳回讀卡器。

收費 5.0
餘額 50.0
– $ 5
餘下 $ 50
讀卡器
收到結果，
再傳到電腦
作紀錄。
完成一次交易！

真是
很厲害的
發明！
嘩！原來這小小一張卡的
設計竟是這麼巧妙！
謝謝你的解釋啊！

啊！差點忘記了！

昨天我明明給你增值了一百圓，
為甚麼現在竟然不翼而飛？
是不是你的晶片出錯了？
我又怎會出錯！讓我翻查
昨天的消費紀錄看看！

日期	時間	使用地點	金額
05/11/2011	17:30	康康超級市場	-$102.3
05/11/2011	17:00	2R 巴士	-$5
04/11/2011	16:00	便利店	+$100
01/11/2011	16:17	便利店	-$5.2

根據紀錄，昨天下午
有一次 2R 巴士線的
乘車紀錄，以及在
康康超級市場的
消費紀錄，共花去
107.3 元。

嘩！想不到發達通
能提供這麼多線索！
我記得早前有幾宗案件，
警方也是憑着卡中的資料
來查出犯人行蹤，最後
成功破案！

啊？但我明明沒有乘坐過
2R 巴士，也沒有到過
康康超級市場啊！
先到那兒看看吧！

康康超級市場
是這裏了。

好！調查開始！
要怎樣做？

時光倒流攝錄機！

根據發達通小子提供的紀錄，
偷卡者在昨天五時半在這裏付款。
只要把這件法寶的鏡頭對着收銀處，
調校好時間，便能看到當時的情況！

真厲害！

現實中的確有「時光倒流攝錄機」來幫助查案，
那就是閉路電視。

是他了！
啊！看不清樣子！

好！放大面部！
啊！是大剛!!

第二天放學…
大剛！站住！

你是不是私自用過我的發達通卡！
啊？

嘿嘿……被發現了嗎？對啊，早兩天你把卡留在課室，於是我便把它拾去用了，昨天再偷偷歸還。那是你大意留下在先，我只是碰巧拾到而已，而且也還給你了！

大剛！你未經准許下拿取他人的財物，你知道這樣做跟偷竊無異嗎？可以把你抓去坐牢的！
吓!?

好，就報警吧！
嘩！
嘟嘟…

不要啊！我不想坐牢啊！求…求你別報警啊！我知錯了！
好吧！既然你知錯了，只要你把錢還我，並把買回來的零食跟所有同學分享，就原諒你吧！
好啊！聽者有份～
～完～

【非接觸式智能卡的普及】

隨着技術提升，非接觸式智能卡的使用比接觸式更為普遍，也沒有混合式的複雜，讓我再詳細介紹其好處及應用吧！

好處 方便耐用

採用 RFID（Radio Frequency IDentification）無線射頻辨識系統，即使在數厘米距離讀卡器也能感應卡片，而且卡片可以任何方向置於讀卡器上，使用上更為方便。此外由於毋須與讀卡器接觸，晶片不易損壞及弄污，壽命更長。

應用 新智能身份證

由 2018 年年底開始分階段換領的新智能身份證，除了加強防偽特徵，晶片同樣採用 RFID 技術，可以非接觸方式讀取身份證資料，比之前插卡式更為方便，但同時也提升了保安技術，防止資料被非法讀取。

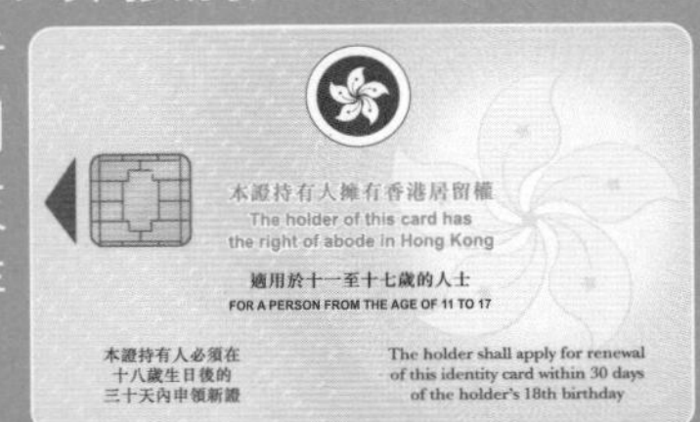

電子門鎖

住戶近年多安裝電子門鎖，只要按密碼或以輕便的感應匙卡便能開鎖，較舊式鎖匙方便。

非接觸式信用卡

Visa payWave

近年信用卡公司紛紛推出非接觸式信用卡，包括 Visa payWave、Mastercard Contactless 等，毋須刷卡及簽名，只須在感應器上拍卡便能完成交易。

酒店電梯

本港或外國部分酒店為加強保安，住客搭乘升降機時須將智能房卡置於感應器上，升降機才會運作，以杜絕外來人士闖入。

原來除了「發達通」外，非接觸式智能卡在我們日常生活中應用甚廣呢！

智能卡都是卡片型嗎？

大部分智能卡都呈卡片狀，不過台灣、廣州、深圳等鐵路的單程票則是代幣型，同樣內置晶片，可拍幣入閘（投幣出閘），損耗度比卡片低，輕巧耐用。

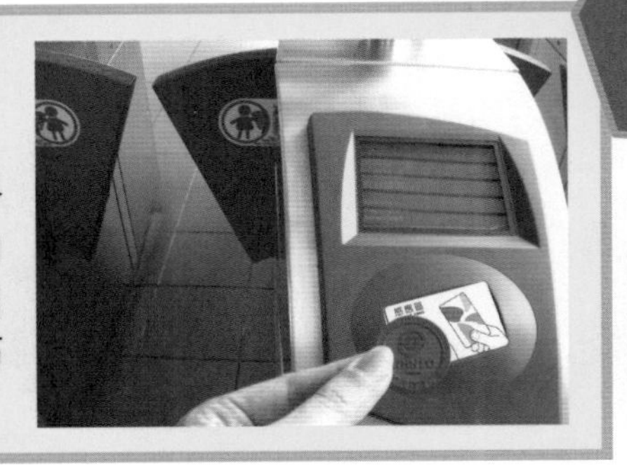

【小松的「發達通」又被盜了？】

甚麼？小松的「發達通」又被大剛盜取了？你們可根據以下小松的日誌，和他的「發達通」交易紀錄，推斷出大剛的盜用時間和紀錄嗎？請將這段紀錄框起來，再計算大剛須交還金額總數。

小松日誌

14/7 今天很熱，上午我乘巴士到泳池游水，之後口渴了便到販賣機買果汁。中午約了晴晴到快餐店吃飯，離開後到便利店買雪糕便回家了。

15/7 怎麼了？可能昨天喝了果汁又吃了雪糕，今天整天都肚子痛，只能在家休息，不能外出了。

16/7 今天好多了，我先到樓下買麵包，咦？怎麼「發達通」那麼快變負數了？唯有先在麵包店增值吧。想了想，必定是大剛又盜用了我的「發達通」！小Q~你要替我主持公道，取回我的錢啊！

「發達通」紀錄

日期	時間	使用地點	金額
14/7/2019	10:01	3S 巴士	-$4
14/7/2019	10:35	泳池	-$8
14/7/2019	12:03	販賣機	-$9
14/7/2019	12:29	快餐店	-$35
14/7/2019	13:48	便利店	-$10
14/7/2019	17:22	零食店	-$39
15/7/2019	11:07	茶餐廳	-$22
15/7/2019	12:14	渡輪	-$1.6
15/7/2019	17:44	超市	-$42.7
15/7/2019	18:28	2C 巴士	-$9.8
16/7/2019	09:41	麵包店	+$200
16/7/2019	09:42	麵包店	-$6

大剛須交還金額：$__________

答案 大剛須交還金額：$115.1

(大剛是於 14/7 13:48 至 17:22 期間盜取了小松的「發達通」，再於 15/7 18:28 後偷偷交還！)

噩夢驚魂
救命啊！
哇！不要啊！

啊！
呼…原來只是發夢…
呃!? 怎麼動不了的？
嗚哇！救命啊！
爸爸媽媽快來救我！

翌日放學…

晴晴，怎麼今天
沒精打采的？
唉！我連續幾個晚上都
做噩夢呢，害我沒法安睡！

咦？那邊發生
甚麼事？

來看看吧！
外星最新安睡產品大特賣！
黑漆漆眼罩
安眠CD
沉睡藥丸

原來有這麼多人也睡得不好嗎？
不如我也買個眼罩試試看…

哎吔，Mr. A的產品好像
不太可靠呢…不如我們
去找小Q幫忙吧！
也好！走吧！

小Q！晴晴近來常常做噩夢，
你有甚麼法寶能幫助她嗎？
嘿嘿…看我的！

伊通滴蝌殼蒿蒿梯！

食夢獸登場！
食夢獸其實是一種遠古傳說中的生物，據說能把噩夢吃掉。
牠的造型以一種名為貘的生物作藍本。當然，現實中的貘並不擁有食夢能力。

牠是在外星生活的生物，擁有入夢的異能，常常幫助不同星球的居民診斷睡眠問題呢！
哈囉！地球的人們好！

嘩！很可愛！你真的能把我的噩夢吃掉嗎？
不，但我可以進入你的夢中，在你做噩夢時安撫你，同時進行診斷！

我們睡覺時，大腦
不是在休息嗎？
為甚麼還會做夢？

其實睡眠時，大腦會規律地經歷不同階段
的變化，並不是完全沉睡的呢！

當我們關燈就寢、
閉上眼睛後，
身體便進入
準備入睡的狀態。

一般在幾分鐘內，我們就會從清醒的
放鬆狀態進入半睡狀態，稱為第一期睡眠
第一期睡眠一般只會持續1-5分鐘，
隨即便進入第二期睡眠。

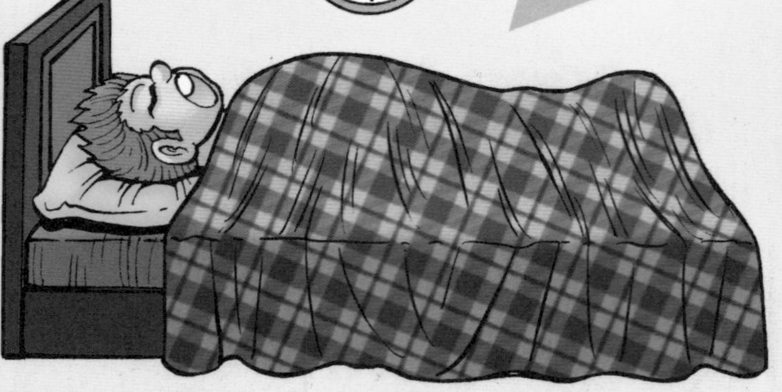

第二期睡眠是一種淺睡狀態，腦部的
活躍程度比第一期略低，為時約十分鐘。

淺睡狀態下腦部仍然
活躍，因此容易醒來。

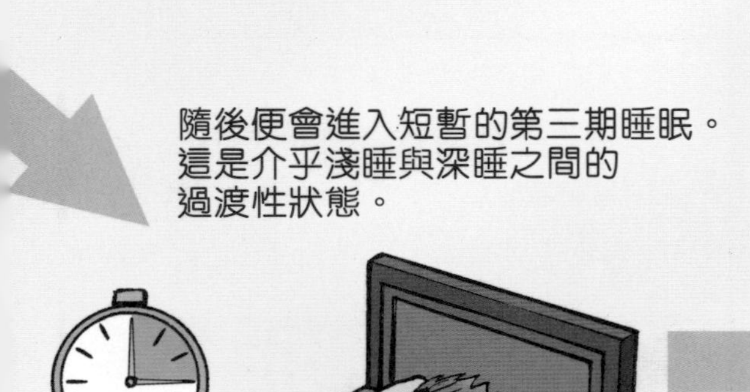

隨後便會進入短暫的第三期睡眠。這是介乎淺睡與深睡之間的過渡性狀態。

接下來是歷時最長、也睡得最深沉的第四期睡眠。這個時期，肌肉會完全放鬆，呼吸和心跳都會放慢。這時要很大的刺激，才能把人喚醒呢！

那麼，我們就整夜都在第四期睡眠之中度過，直至天亮嗎？

非也！第四期睡眠只會持續1小時左右！
那一整個晚上我們的腦袋還在幹甚麼？

第四期睡眠完結後，我們會短暫回到第三甚至第二期的淺睡狀態。
哦？是甚麼？
隨後，便會進入一種非常奇妙的睡眠狀態！

在這種奇妙的狀態下，我們的眼球會快速地移動，就像盯着一隻高速飛行的蜜蜂一樣！

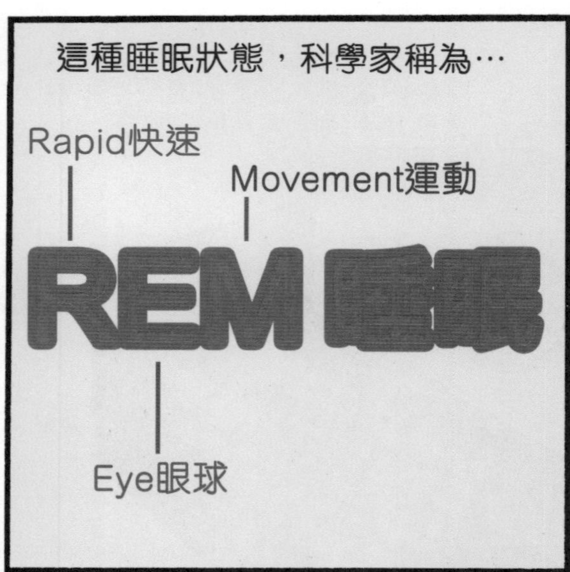
這種睡眠狀態，科學家稱為⋯
Rapid快速
Movement運動
REM睡眠
Eye眼球

那REM睡眠時到底發生甚麼事？
問得好！

REM睡眠是相當奇特的睡眠狀態。如果只看腦部的活動，還以為睡眠者正處於警醒狀態呢！
腦部活動情況非常相似！

而大部分夢境，就是在REM睡眠時出現的了！

那麼，我們就在REM睡眠的狀態下，一直做夢直至醒來嗎？
不！在一整晚的睡眠中，腦部會在不同的狀態間不斷變化的啊！

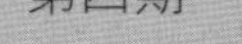

第一次REM睡眠出現，但歷時只有五分鐘左右。

這樣的循環便是一個睡眠週期，完成一個週期約需90分鐘。

在第三及第四個睡眠週期中，第四期的深層睡眠會減少甚至完全不出現。

REM睡眠的時間會一次比一次長，由第一次的5分鐘增至最後一次大約20-30分鐘。

醒來前的最後一次REM睡眠。通常醒來後仍能記起的夢境都是這時產生的。

普遍的年輕人，每一晚的睡眠會經歷4-5個睡眠週期，加起來便是6-8小時的睡眠了！

那麼，食夢獸
你能趕鬼嗎？
???
嗯？趕鬼？

因…因為，我除了
做噩夢，還被鬼壓啊！
那真是很可怕的啊！
那是甚麼一回事？

當我從噩夢中醒來後，有時會發現全身
動彈不得，連叫也不能！媽媽說這是
被鬼壓！

喔！說起來，我好像也
試過一次！真的很恐怖！
哇！世上
有這麼多
鬼嗎!?

哈！這不是鬼在作怪，只是
REM睡眠產生的副作用而已！
哦？怎麼回事？

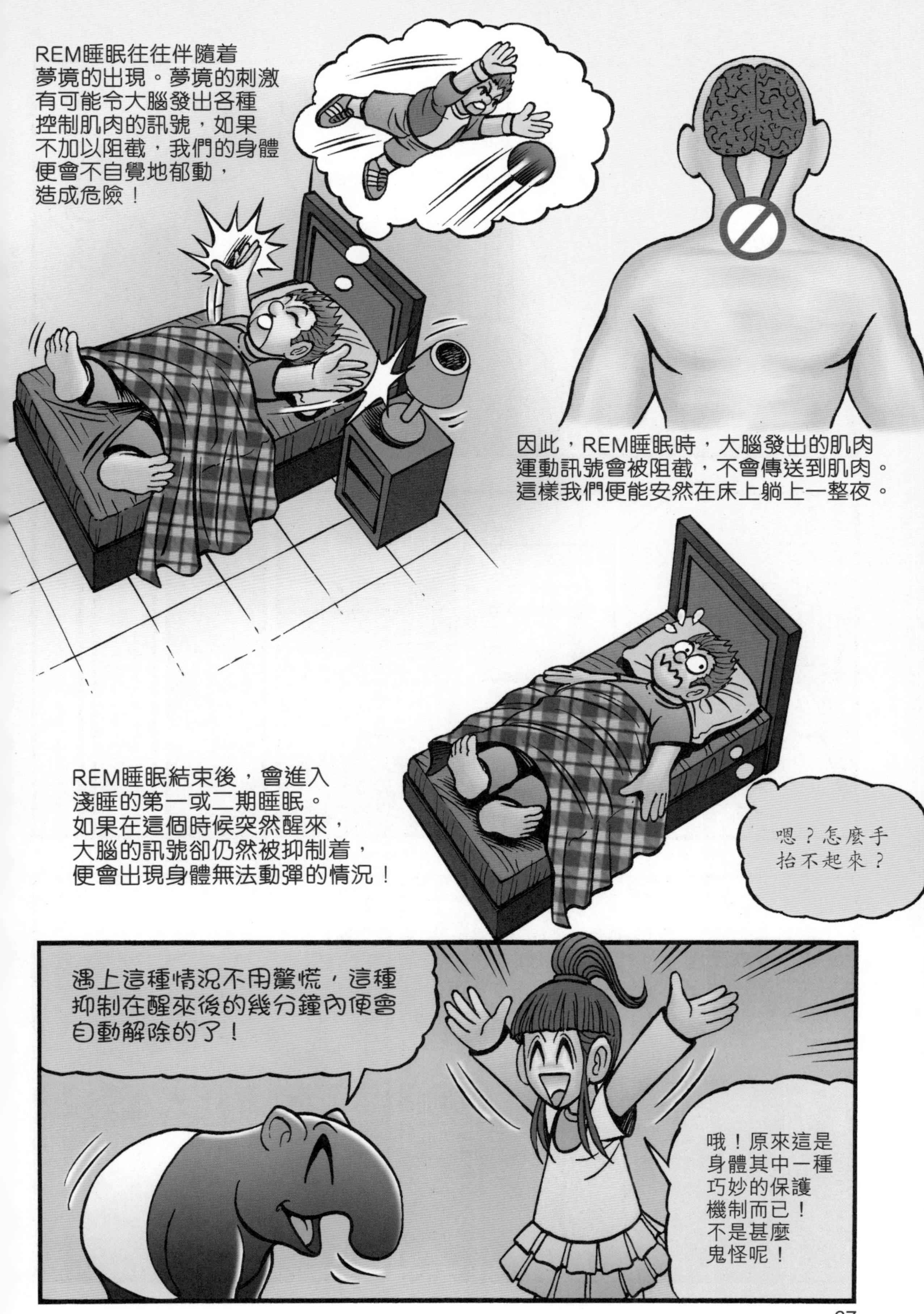
REM睡眠往往伴隨着夢境的出現。夢境的刺激有可能令大腦發出各種控制肌肉的訊號，如果不加以阻截，我們的身體便會不自覺地郁動，造成危險！
因此，REM睡眠時，大腦發出的肌肉運動訊號會被阻截，不會傳送到肌肉。這樣我們便能安然在床上躺上一整夜。
REM睡眠結束後，會進入淺睡的第一或二期睡眠。如果在這個時候突然醒來，大腦的訊號卻仍然被抑制着，便會出現身體無法動彈的情況！
嗯？怎麼手抬不起來？
遇上這種情況不用驚慌，這種抑制在醒來後的幾分鐘內便會自動解除的了！
哦！原來這是身體其中一種巧妙的保護機制而已！不是甚麼鬼怪呢！

那麼，晴晴你就帶
食夢獸回家吧！要是
今晚再做噩夢，
牠會入夢幫助你的！
我還可以進入小Q的
夢中，把他們帶到
你的夢裏，一起
對付怪物呢！
太好了，
那我就可以
安心睡覺了！

那麼，你早點
回去休息吧！
謝謝你們啊！
再見！

哇！救命啊！
吼！

晴晴不用怕！

不用慌張，這裏是你的夢境而已！
那怪獸不會傷害到你的啊！
甚麼？
我在做夢？

說起來，我一點也不氣喘，
也沒有痛楚呢…對了！
這是夢境！
很好！這個夢境變成
清醒夢了！

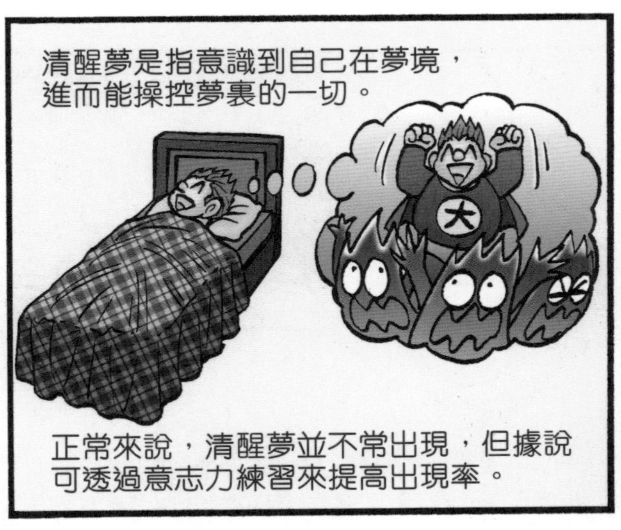
清醒夢是指意識到自己在夢境，
進而能操控夢裏的一切。
大
正常來說，清醒夢並不常出現，但據說
可透過意志力練習來提高出現率。

晴晴！
這是屬於你的
夢境，你能
隨心所欲
控制一切！
來！用你的
想像力
把怪獸
擊退吧！

好…好吧！
我試試看！

唏！讓我們變成巨人吧！
哇！！

你這可惡的怪獸，
看我的厲害吧！
嗚哇～

嗯？那是
甚麼？

嘿！捉到你了！

是Mr. A!!
我明白了！是你先闖
入別人的夢境令大家
做噩夢，再乘機
賣安眠產品斂財！

真可惡！必定要
好好教訓他！
那麼，現在就讓你
體驗真正的噩夢吧！
嘿嘿…
哇！
不要把我
吃掉啊！
～完～

【細說睡眠問題】

每天幾小時的睡眠中，除了像晴晴般做噩夢，部分人還有其他睡眠問題呢！大家有遇過嗎？為何會這樣？

夢遊

詳述：患者以 5 至 12 歲小童為主，常發生於入睡後的 2 至 3 小時內。患者會在睡眠中突然起床活動，然後回去睡覺，醒來會忘記發生的事。夢遊期間患者眼睛半張或全開，神情呆滯，對外界干擾毫無反應，難被喚醒。活動通常是常規或重複性動作，較少危險舉動。

成因：當睡眠時由深睡回到淺睡，身體肌肉會局部甦醒，此時若有一組或多組運動神經細胞處於興奮狀態，便會控制肌肉活動，產生夢遊。成因可以是心理壓力因素（學習、家庭關係等）、遺傳、大腦皮質發育遲緩、睡眠不足等。

夢囈

詳述：亦即説夢話，雖説「夢囈」，但多發生在非 REM 期（快速動眼期），而非 REM 期不會發夢，所以與夢無關。夢話或無意義，或含糊不清，可能會重複語句，一般不會持續超過 30 秒，醒來後會忘記。

成因：白天疲倦、憂鬱、壓力等可致睡眠不穩，若負責語言的神經細胞仍處活躍狀態，就會説夢話。

BLAH...
BLAH...

磨牙

詳述：小孩較常發生，通常是睡眠時口腔異常活動，令人無意識地咬磨牙齒。跟進食不同，牙齒毋須咀嚼食物，亦沒有唾液分泌，會令牙齒磨損，不僅影響外觀，更減低咀嚼功能。

成因：睡前精神過度刺激或緊張、睡前吃太飽、牙齒不齊等。

此外失眠、睡眠不足也是常見問題，我們要加以正視，才能有精神應付每天挑戰啊！

【正確地睡好覺】

睡覺也有正確與不正確之分？不是躺着睡就可以了嗎？

不是的，大家知道怎樣提升睡眠質素嗎？請將以下正確睡眠法的方格填上顏色，再看看得出甚麼英文字母吧！

穿鬆身衣物睡覺	關燈睡覺	安排短暫午睡	睡前一小時避免使用電子產品	房間溫度保持21℃至24℃
臥室顏色以鮮艷為主	睡前做運動	失眠時數綿羊	睡前不過飽或過飢	戴眼罩
提早上床睡覺	仰睡為最佳睡姿	燃點香薰	睡覺時間愈長愈好	不睏也要上床睡覺
蒙頭而睡	睡前聽柔和音樂	睡前喝水	平日睡不足，假期補眠	失眠時做運動
定立固定睡眠及起床時間	枕頭高度及軟硬度適當	濕度維持在60~70%	房間不擺放過多裝飾	睡前溫水泡腳

為甚麼動漫中睡覺以Z來表示？

據説由美國漫畫家創造出來，因為Z的發音像鼻鼾聲，就以英文字母表達睡覺之意。也有説是英文「snooze（小睡）」、「doze（打瞌睡）」及俚語「zizz（睡覺）」也包含Z，所以Z容易令人聯想到睡覺。

部分答案解説：

關燈睡覺：人體內的褪黑激素有助睡眠，而黑暗環境有助製造褪黑激素，所以關燈睡覺可營造良好的睡眠環境。

短暫午睡：午睡可增強記憶力、免疫力、集中力，時間以15至30分鐘為佳。

睡前做運動：睡前1至2小時不應做劇烈運動，雖然累，但體溫會上升，心臟加重負荷，反而睡不穩。

最佳睡姿：仰睡時舌根會向後墜影響呼吸，所以以側睡為佳，而且是右側，因為左側會壓着心臟，增加壓力。

假期補眠：平日睡眠不足，假日補眠只能在時間上彌補，但不能補回之前因睡眠不足而衰退的專注力和腦功能。

過多裝飾：睡房內過多裝飾會令人增加心理壓力，影響睡眠質素。

勇闖撒哈拉沙漠！
不知道今期有甚麼旅遊勝地好介紹呢？
愉快旅遊
沙漠？好像很刺激呀！
最瘋狂的冒險旅程！
撒哈拉沙漠！

小Q！帶我們去撒哈拉沙漠玩吧！
沒問題！

小型穿梭飛船！

上船吧！
太好了！

嘩！這裏就是撒哈拉沙漠了嗎？
真是一望無際呀！
不知道撒哈拉沙漠到底有多大呢？

沙漠知識頭巾！

哈哈！戴上了它，我就擁有關於撒哈拉沙漠的知識了！
哈哈，小Q，你的樣子很古怪啊！

撒哈拉沙漠的面積超過940萬平方公里，差不多是整個中國國土的面積！是全球最大的沙漠！

撒哈拉沙漠位於非洲北部，橫跨多個國家，包括埃及、摩洛哥、突尼西亞、蘇丹等。
突尼西亞
摩洛哥
阿爾及利亞
利比亞
埃及
茅利塔尼亞
馬利
尼日爾
查德
蘇丹
非洲
撒哈拉沙漠

這裏渺無人煙，
真冷清呀…
其實在幾千年前，
撒哈拉是
充滿生氣的地方！

這裏不但有很多人居住，還有多種
動植物在這裏繁衍！到處綠意盎然！

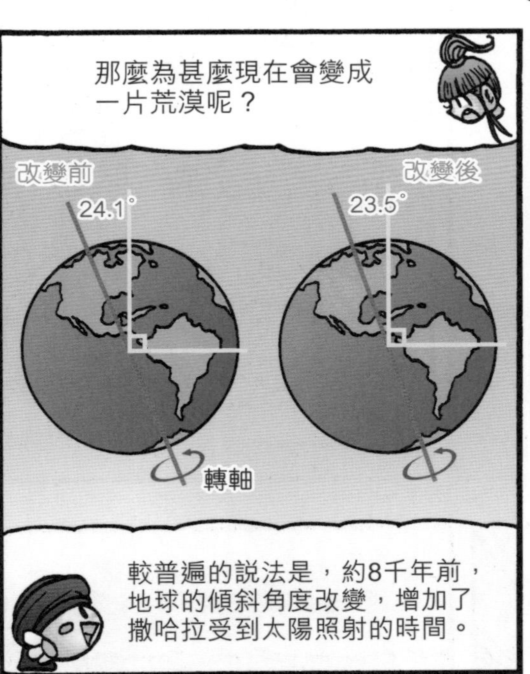
那麼為甚麼現在會變成
一片荒漠呢？
改變前
24.1°
改變後
23.5°
轉軸
較普遍的說法是，約8千年前，
地球的傾斜角度改變，增加了
撒哈拉受到太陽照射的時間。

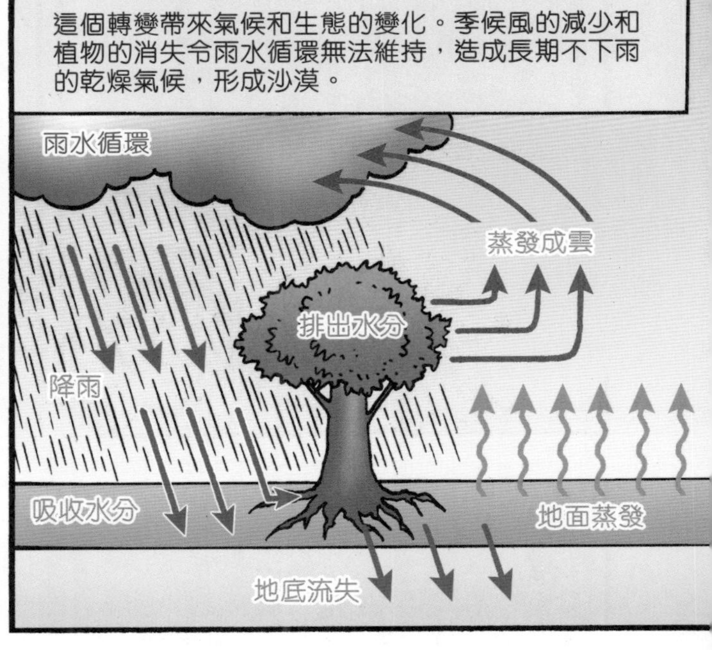
這個轉變帶來氣候和生態的變化。季候風的減少和
植物的消失令雨水循環無法維持，造成長期不下雨
的乾燥氣候，形成沙漠。
雨水循環
蒸發成雲
排出水分
降雨
吸收水分
地面蒸發
地底流失

救命呀…
熱死人了…
當然啦！現在氣溫
高達攝氏40度啊！

沙漠乾旱炎熱，
必須定期喝水
來維持生命。
否則，身體會
嚴重脫水，甚至
造成器官衰竭！

對了！沙漠不是有
很多駱駝的嗎？
為甚麼看不到的？
咦？那是
駱駝嗎？

原來只是汽車⋯

在沙漠不是用
駱駝做交通工具
的嗎？為甚麼
會有車的？
現在的沙漠已經
很現代化的了！
雖然駱駝仍是
主要的交通工具，
但用汽車代步
也十分普遍啊。

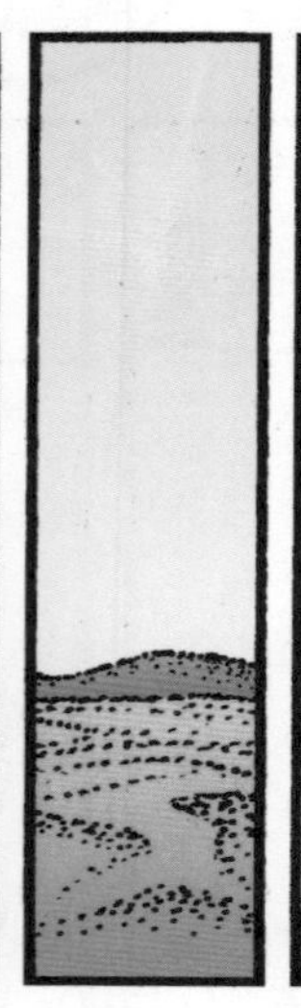

嘩！
這是甚麼？

好可愛啊！
這是沙漠跳鼠。前腿短、後腿長，
利用強勁的後腿來彈跳。
尾巴卻比身體長約一倍半，作為平衡。

為了在遼闊的沙漠躲避敵人，
牠們一跳可以跳到3公尺遠。

沙漠跳鼠一般在太陽下山後
才會出現，我們竟能看到，
真是很幸運呢！

那裏又有動物呢！
這是旋角羚。牠們是群居動物，白天棲息，夜晚才出來活動。
雖然生活在沙漠，但旋角羚從不喝水，只從食物攝取水分！

看！前面竟然有樹呢！
這是海棗樹。葉柄有4至6米長，葉子幼長，減少水分流失。

嗯？這是甚麼？

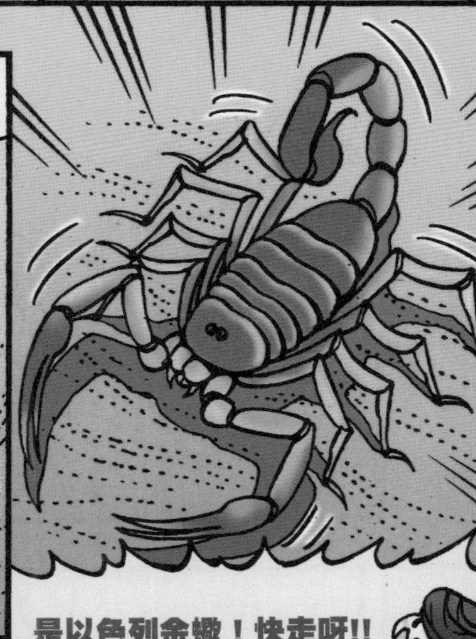

是以色列金蠍！快走呀!!

以色列金蠍？是甚麼來的？
牠分泌的汁液含有神經毒素！被刺到的話，輕則劇痛，重則有性命危險！

哎呀!!
牠沒有走過來！不用跑了！

甚麼？水已
喝光了？
那怎麼辦？
我很口渴啊！

先生！你是
本地人嗎？

你好！我是
本地導遊！
有甚麼可以幫你？
太好了！我們很口渴！
你可以帶我們到
有水源的地方嗎？

當然可以！那裏
就有一個綠洲！
如果有少許打賞
就好了…
沒問題！

果然有個綠洲！
嘩！水呀~~~~

咦？水呢？
吓!?

為甚麼會
這樣的？
我知道了！
這是「海市蜃樓」
的現象！

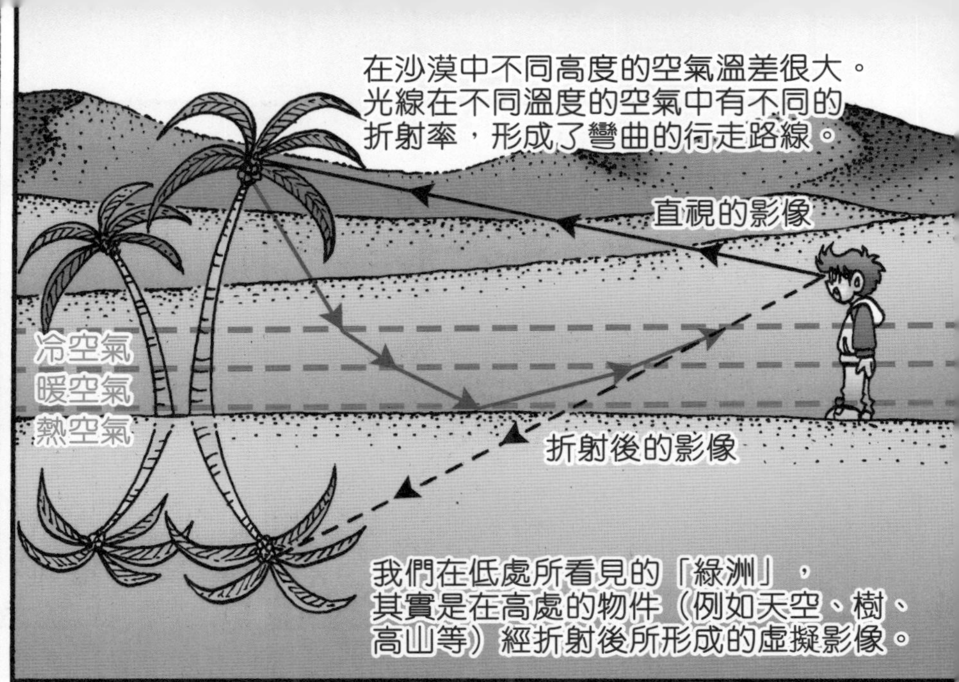
在沙漠中不同高度的空氣溫差很大。
光線在不同溫度的空氣中有不同的
折射率，形成了彎曲的行走路線。
直視的影像
冷空氣
暖空氣
熱空氣
折射後的影像
我們在低處所看見的「綠洲」，
其實是在高處的物件（例如天空、樹、
高山等）經折射後所形成的虛擬影像。

咦？這裏有張
卡片呢！

Mr. A
撒哈拉沙漠
本地導遊

哼！我明白了！
原來是Mr. A冒認
原居民來騙錢！
太過分了！

怎麼辦！我好口渴呀！
我不想死在這裏呀…
別哭了！
快想想
辦法吧！

咦！有人拖着
駱駝經過呢！
這次要看清楚！
不要又被Mr. A騙了！

你好！請問哪裏有水源呢？

呃…你在
說甚麼…

聰明翻譯咪高峰！

當你對着它說話，它就會自動
翻譯成聽者所使用的語言！

請問你是
本地人嗎？
是的！我是這裏的
原居民，柏柏爾人，
即是非洲西北部的
部落民族。

我們很口渴！
請問哪裏
有水源？
我也正前往綠洲呢！
不如你們坐上駱駝，
與我一起前行吧！

終於可以
騎駱駝了!!

嘩~~~~~~~
好高呀~~
騎駱駝
搖搖晃晃的，
弄得我的屁股
很痛…

那是甚麼？
是沙塵暴!!

嘩！好多沙啊!!
呼~~~~
呼~~~~
快點用衣服掩着臉！防止吸入風沙！

駱駝！
趴下來!!

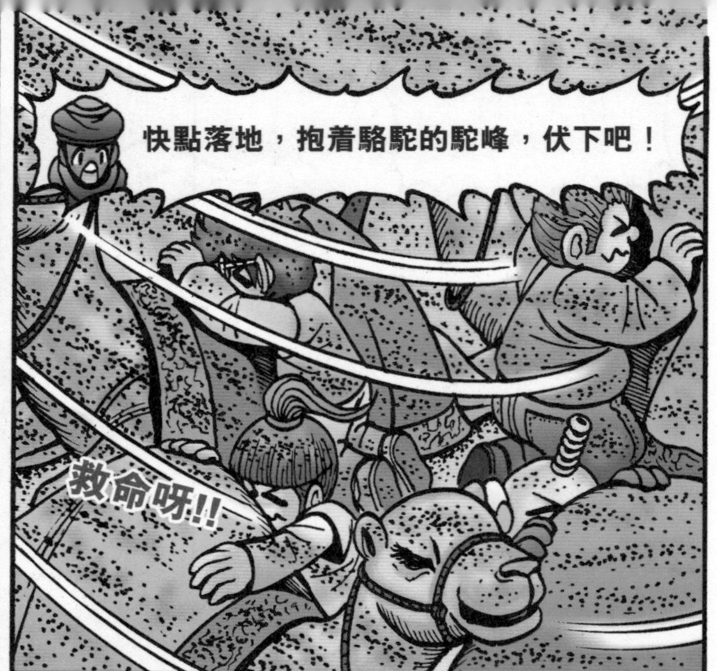
快點落地，抱着駱駝的駝峰，伏下吧！
救命呀!!

20分鐘後
呼…沙塵暴終於停了!!
嗚…嚇死我了！我剛才以為快要死了…

幸好有你的指導和駱駝的保護，我們才可以沒事！
不用客氣！

時候也不早了！我們繼續前進吧！

這次不會又是
海市蜃樓吧？
當然不是！
快來喝吧！
很清甜的
水啊！

到了！到了！
有水啊!!

看！是夕陽呀！

在撒哈拉沙漠，就有
超過六成的人口是沿着
綠洲地帶居住的。
對呀！
綠洲是我們
最重要的水源！
在長期
不下雨的
沙漠，
綠洲真是
很重要啊！

嘩，很美麗的晚霞啊⋯

救命呀…
原來沙漠的
夜晚好凍…
現在的氣溫
只有
5度呢…

我和鄰舍即將舉行營火晚會！
不如你們也一同參與，順便取暖吧！
好啊！

哈哈！
啪啪！
BOM！
BOM！
好凍呀~~
呼~~~~
~完

【撒哈拉的二三事】

「撒哈拉」阿拉伯語意謂「沙漠」，被喻為「地球上最不適合生物生存地方之一」，就讓我再來細說這個荒漠之地的種種吧！

「沙漠之舟」駱駝

駱駝不僅耐飢耐渴，其長而濃密睫毛、可開合的鼻孔，都有效阻擋風沙侵襲，腳掌厚厚的肉墊，讓牠能在極熱及極寒的沙漠上行走，故有「沙漠之舟」稱號。

© Picryl

沙塵暴形成

多發生在乾旱地區的自然現象，由於沙漠缺乏植被，當刮起強風時，便會吹起鬆散的沙土和塵埃，使空氣變得混濁，降低能見度。

© Wikimedia Commons

沙漠也會下雪？

在降雨量甚少，且夏天極炎熱的撒哈拉，竟曾錄得降雪紀錄，大幅黃土猶如蓋上白色雪紗。第一次發生於 1979 年，受到阿爾及利亞南部寒流飄移影響；之後便到 2016 及 2017 年，歐洲上空的高氣壓將冷空氣帶到北非及撒哈拉。數次的下雪時間均短，只維持數小時至一兩天。

© Wikimedia Commons

撒哈拉資源豐富

別小看撒哈拉只得一片荒地，由 50 年代起，已陸續發現這偌大土地蘊含豐富資源，包括阿爾及利亞的鐵礦和天然氣、利比亞的石油、尼日爾的鈾等。

撒哈拉範圍愈見廣闊

撒哈拉已是全球最大沙漠，但近年面積有更擴闊跡象。受人為、環境及氣候變化影響，撒哈拉周邊地區降雨量大為減少，無形中令沙漠面積增加約 10%。

還有撒哈拉每天平均日照時間達 10 小時以上，非常酷熱，晚上又會一下子跌至約零度，實在非一般人能居住呢！

【不尋常的沙漠】

請看看下圖中的沙漠，大家能找出 5 個不和諧之處嗎？請把這些地方都圈起來吧！

部分答案解說：

雖說白兔比貓狗等動物攝取較少水分，但仍不至完全不需要，牠們一般靠蔬果吸收水分，若進食乾糧，就須喝水，在沙漠這種極度乾旱環境，白兔也難以生存。

沙漠的白天平均溫度有攝氏 30℃，部分地區更曾錄得接近 60℃，所以白天原住民都不會穿厚衣。雖然如此，他們都會戴披肩、繞頭巾免身體外露，以防日曬和風沙吹襲。

耳廓狐屬小型夜行狐，常見於撒哈拉沙漠，一雙大耳朵是其特徵，牠的毛髮有助白天散熱及晚間保溫，腎臟則可在缺水情況下阻止體內水分流失，故能適應沙漠的氣候和環境。

沙漠上的原住民大部分是農民或遊牧民族，多以群居形式生活，住的是簡陋帳篷或泥草屋。

無人控制的機械箱
我是宇宙巡邏隊地球分部的
成員，幫助有困難的弱者
是我的職責！
我真的不需要
你的保護！
BUS
11
33
STOP
不要再叫我
做弱者了！
不行啊！小松你心地
太善良了，很容易
被人欺負！而且…
對了，
你在
等誰呀？
P

我約了晴晴去買
最新的漫畫~~
是我們的約會~~

看來她不來了⋯
不，可能是
塞車⋯

不如買罐汽水
喝吧⋯

啪！

隆隆~~~

呀～真涼快～

啊

裏面的人
快給我出來！
哈哈哈～～
小Q，這是一部
售賣飲品的自動販賣機，
裏面沒有人的!!

販賣機內有不同組件，顧客只要
投入指定金額，挑選想買的飲品，
它便會自動進行交易。

幣投入處

因應價錢標示，
在投幣口投入所需硬幣
並按按鈕選擇飲品。

電腦辨別所收的
硬幣數量和面值、
顧客選購的飲品，
並運算需要找贖的
金額。

飲品從飲品區
掉到取物口。

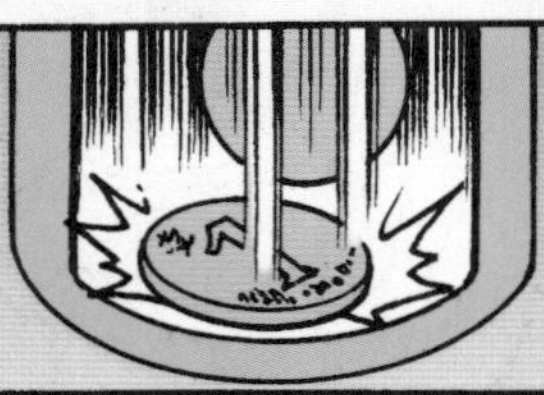

在零錢出口把
零錢找換給顧客。

自動販賣機的運作很神奇！
機械箱內到底有甚麼呢？
這個我真的
不知道啊…

透視分析眼鏡！

只要戴上它，我便可以看穿物件
的內部結構。內置晶片儲存了
大量資料，能替我進行分析。
哇，真帥!!

哦～原來是
這樣的！

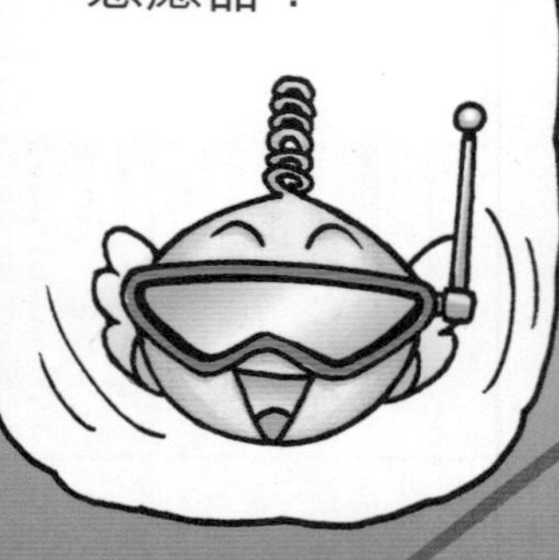
投幣口背面是
一個連着找換
零錢裝置的
錢幣辨識
感應器！

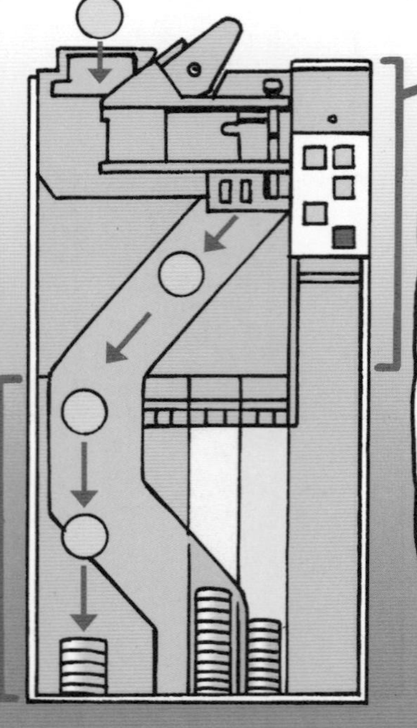
錢幣辨識感應器
找換零錢裝置
投入的硬幣
經過辨識後，
會根據面值，
分類送到
找換零錢裝置中，
直到輸送的硬幣
多於一定金額，
才會統一送到
錢箱中。
很有系統呢！

辨識？它是如何
進行辨識呢？
不要急，正在
尋找相關資料！

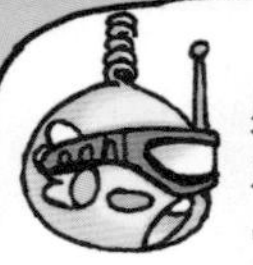

感應器內
有一塊連接
電流的電磁鐵，
由於金屬會影響
電磁鐵的磁場，繼而
影響電流，販賣機內的
電腦偵測到電流改變，
便知道有硬幣投入。

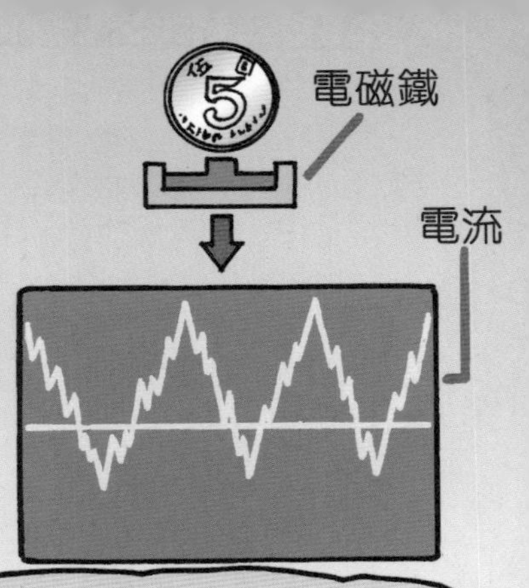

各種硬幣的大小、厚度、成分和表面的凹凸圖案會對電磁鐵的磁場和電流造成不同程度的干擾。販賣機透過電腦分析電流的形態，便知道硬幣的面值和數量。感應器也可用同樣方法把偽幣分辨出來。

同時，電腦會根據收到的金額，給予顧客貨品，有需要的話便從找換零錢裝置中找回零錢。

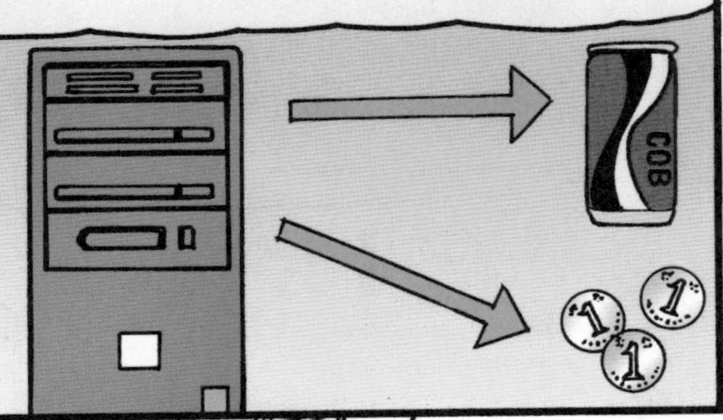

我也很
想看！
原來飲品也存放得
這麼有條理！

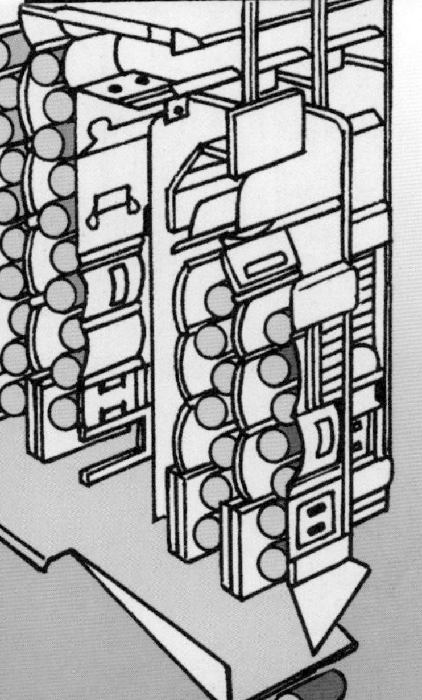

飲品整齊地擺放，
經電腦送出指示後，
才沿斜坡道
滾到取物口。
飲品一行行地排列，
每一行可放
大約30罐飲品，
一部機就差不多
可儲存500罐了！

當然裏面還有冷凍和
保溫設備啦！
怪不得這麼炎熱的
天氣，飲品還可以
保持冰凍！

一個機械箱竟能這麼有系統地
運作，自動販賣機應該是
地球上的一項偉大發明吧！
相對人手處理，販賣機的交易
過程快捷、簡便，可以減少
輪候時間，而且產品一目了然。
也算是吧，因為它的好處
確實不少！
它24小時運作、全年無休，
能夠無時無刻應付即時所需。
而且所佔空間不多，
在不同地方也能夠提供
銷售服務，同時達到宣傳效果。
就是因為它這麼方便，
自動販賣機在世界各地
已經十分普及。
在日本，平均每23個人
就有一部自動販賣機！
原來是這麼
普遍的！
小松！
晴晴
年齡：10歲

對不起，我遲了！
不要緊~~
這是晴晴，是我在
幼稚園已認識的同學。
這是……
我是宇宙巡邏隊地球分部的成員，
是來保護弱小的小松的！
夠了，小Q!!
呀！時候不早了，
我們要趕快去雜貨店！
好吧，出發！
和晴晴的約會就這樣
被破壞了…
又找到了一個賺錢的
好工具呢…

嘩！很多人！

老闆！
呵～～

啊！你們都來了啦？
我們是來買漫畫的。為甚麼今天這麼多人？
玩具大特賣嗎？但老闆你怎麼這麼清閒？

哦～因為剛購入的兩部扭蛋機太受歡迎了！

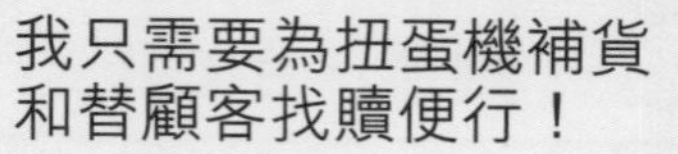
我只需要為扭蛋機補貨和替顧客找贖便行！

我們去看看吧！

卡卡卡～

啪

嘩！

發現
自動販賣機！
對啊~~扭蛋機售賣各種內藏玩具的塑膠蛋，所以也是自動販賣機的一種！

啊！這部扭蛋機沒有塑膠蛋了！
讓我來補上塑膠蛋吧！

扭蛋機又是怎樣運作的呢？

其實扭蛋機主要是靠齒輪推動。旋轉鍵背面連接着一個齒輪。一般情形下，齒輪會被彈簧組件鎖定，令旋轉鍵不能動。

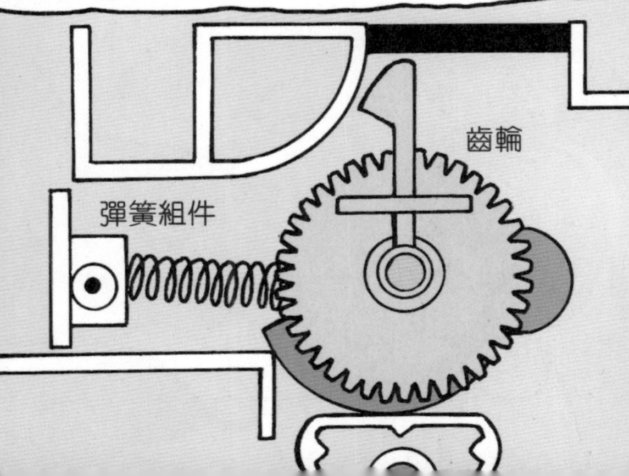
齒輪
彈簧組件

在投幣口投入適當的硬幣後，硬幣會把彈簧組件橫推，從而鬆開齒輪。

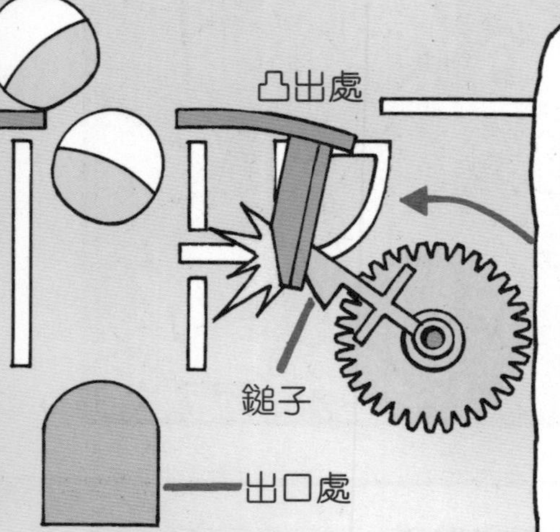

這時候便可順利扭動旋轉鍵，令齒輪轉動。齒輪上有一個小鎚子，當齒輪轉到某個位置，小鎚子便會敲擊與底板連接的凸出處，令底板打開，扭蛋便會從主體掉到出口處。

通常同一部機內的扭蛋會有不同款式，而且扭蛋是隨機跌出的，有點像抽獎！

同樣是自動販賣機，但運作竟完全不同！好混亂呀～～

哈哈～其實還有很多有趣的自動販賣機呢！我就曾經見過售賣雨傘、即沖熱飲、甚至即烘薄餅的自動販賣機！

薄餅自動販賣機

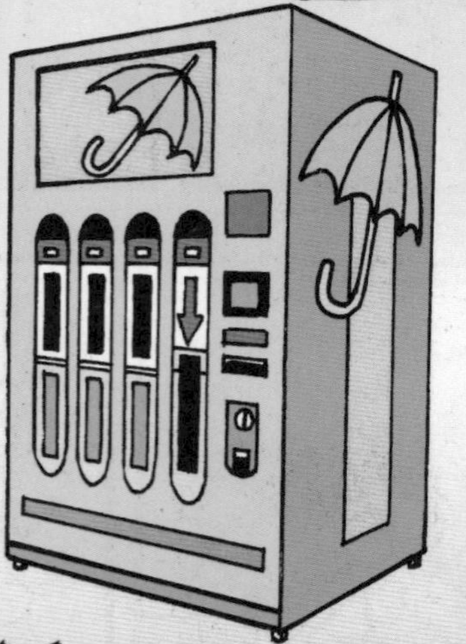

雨傘自動販賣機

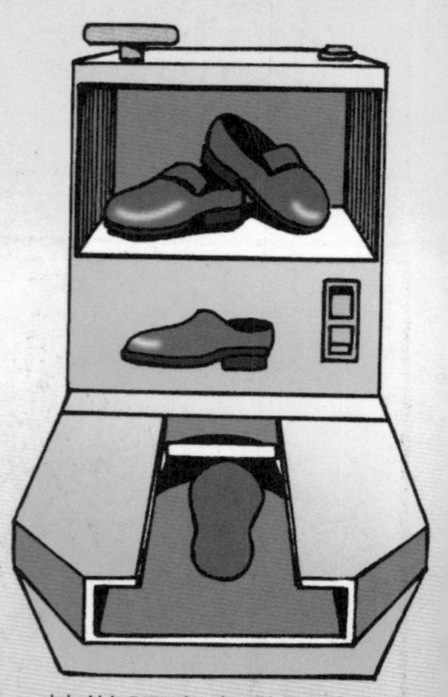

擦鞋服務自動販賣機

想不到老闆這麼有見識…

大剛，你放這件垃圾
在我店門前幹甚麼?!
哈哈~~這是我從Mr. A那裏買回來的
街頭小食自動販賣機!!
街頭小食自動販賣機
牛丸
雞蛋仔
腸仔
燒賣
魚蛋
入錢後，揀選想要的
小食，販賣機便會
自動製造新鮮食物！
真的這麼
厲害?!
隆隆~~~
隆隆~~~
這麼久還未有
製成品…

看！魚蛋
新鮮製成！
這部自動販賣機
真奇怪！裏面有
甚麼機關呢?!
啊！
這部販賣機不是
自動的！是Mr. A
在裏面控制!!
糟！
被發現了
街頭小食自動販賣機
牛丸
雞蛋仔
腸仔
燒賣
魚蛋
呀！販賣機長出手腳了！
要馬上撤退！
街頭小食自動販賣機
牛丸
雞蛋仔
腸仔
燒賣
魚蛋
砰！
哈哈
哈哈！
～完～

【遊歷日本販賣機】

自動販賣機其實即是無人商店，它的出現確實方便消費者隨時隨地購物。在販賣機集中地的日本，販賣的商品更是層出不窮呢！

便利店販賣機

日本幾家便利店近年面對競爭劇烈、空間不足、欠缺人手等問題，遂開始進軍無人商店市場，在車站、辦公大樓等設置販賣機，貨品不只飲料，還有零食、飯糰、便當、日用品等，不僅為消費者提供便利購物體驗，在災害發生時，更為市民免費供應販賣機內商品，以緩燃眉之急。

© Wikimedia Commons

杯麵販賣機

並非投幣後就取得杯麵這麼簡單，而是會替你加入熱水泡好即食麵，並提供筷子，實在方便霎時飢腸轆轆的人呢！

© Wikimedia Commons

衣服販賣機

在購物已甚方便的日本，也推出限定Tee販賣機，雖然款式不多，但提供不同尺碼，並有實物參考，日本人的創意和細心可見一斑。

© Wikimedia Commons

昆蟲零食販賣機

日本首部昆蟲零食販賣機位於九州熊本市，售賣鹽味蟋蟀、巧克力蝗蟲等，甫推出竟大受歡迎，設置此機者目的為喚醒民眾思考世界糧食短缺問題。

除此以外，日本還有雞蛋、蔬果、炸雞、書本、領呔、鮮花等販賣機，種類五花八門，真是讓人大開眼界啊！

護身符販賣機

想買護身符傍身，也不一定要到神社，神社附近的販賣機售賣各式護身符，學業、健康、事業、姻緣等應有盡有。

© Wikipedia

智能販賣機

近年不論日本以至香港都設置多部智能飲品販賣機，以取代舊式投幣機，究竟它有何特色？

人臉識別：當顧客走到販賣機前，感應器能識別性別和年齡，再根據氣候、貨品供應等建議喝哪種飲料，例如女的是低脂飲品，男的是咖啡之類，提供了互動式服務。

輕觸式屏幕：數十吋的巨型 LCD 輕觸式屏幕取代了按鈕鍵，飲品選項一目了然，它也會播放商品廣告，是品牌的最佳宣傳渠道。

雲端系統：商戶可透過雲端系統即時查閱貨品銷售數據，可作物流管理和數據分析之用。

智能支付：除了八達通外，顧客也可以 Apple Pay、支付寶等流動支付平台交易，非常方便。

夾公仔機是否自動販賣機？

自動販賣機指能通過貨幣或有貨幣功能的卡進行交易，自動販售物品、服務、情報的機關裝置，但自動點唱機、遊戲機之類的娛樂機械除外。近年人氣玩意夾公仔機雖然都是投幣運作，但它屬於遊戲機一種，投幣後亦不能確保能夾取箱內商品，或會空手而回，所以它並不算是販賣機。

【猜猜賣甚麼？】

除了飲品機、扭蛋機外，大家還想到有甚麼自動販賣機呢？大家能否認出以下 3 種販賣機是販賣甚麼嗎？請在相片下方填寫答案。

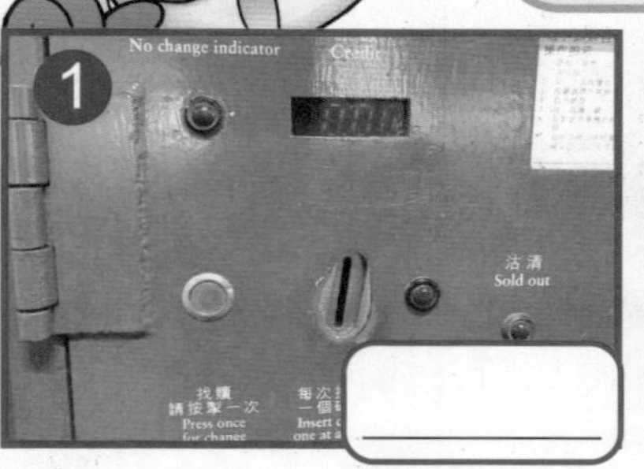

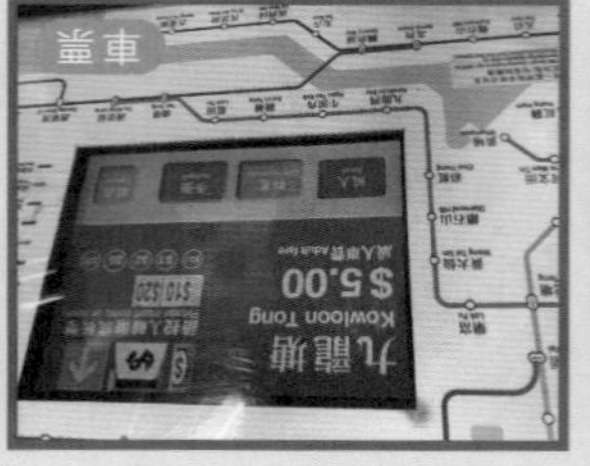

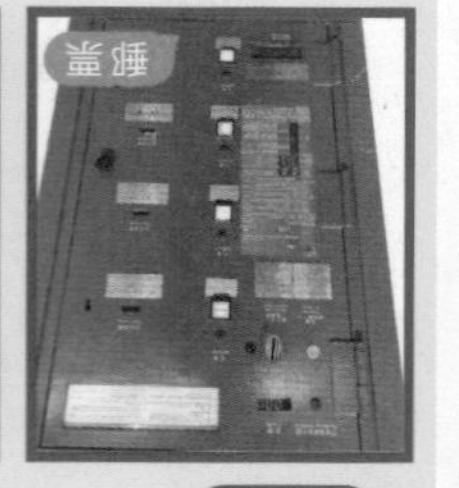

答案

解說：

❸日本拉麵店開得成行成市，大部分於店前會設置售票機（部分備有相片參考），投幣後挑選心水拉麵，取票後就座並將票交予廚師便可，遊客也不用怕言語不通。

採礦歷奇
美美水晶店
嗯？
嘩！很美麗的水晶天使啊！
很昂貴呢……
唉！我怎麼可能買到！
$580

看！有另一間水晶店呢！

咦？這個水晶天使便宜很多呢！
$99

對呀！我決定把它買下來！
嘻嘻……

為甚麼那兩間店鋪賣的水晶價錢差那麼遠的？
我們也不知道呢……

難道它是假的？
不是吧?!

小Q，你有方法可以分辨水晶的真假嗎？
當然有！

礦物專家名牌！
礦物專家

哈哈！我戴上了這個名牌，就擁有對礦物的知識了！
一眼就可以看出是不是真水晶！
礦物專家

咦！這不是水晶，是玻璃來的！
甚麼?! 太過分了！竟然用玻璃冒充水晶！

可是看上去真的差不多呢，其實水晶和玻璃有甚麼分別？
水晶是天然的礦物，由「二氧化矽」分子所組成；
而玻璃是人工製成的，混合了多種物質。

水晶屬於一種叫石英的礦物。
除了透明，還有紫、黃、粉紅等顏色。
粉紅水晶
黃水晶
紫水晶
很美麗啊！

可是，
到底礦物
是甚麼？
礦物是天然形成
的結晶狀物質，
擁有整齊的
原子結構，
大部分都是
固體。

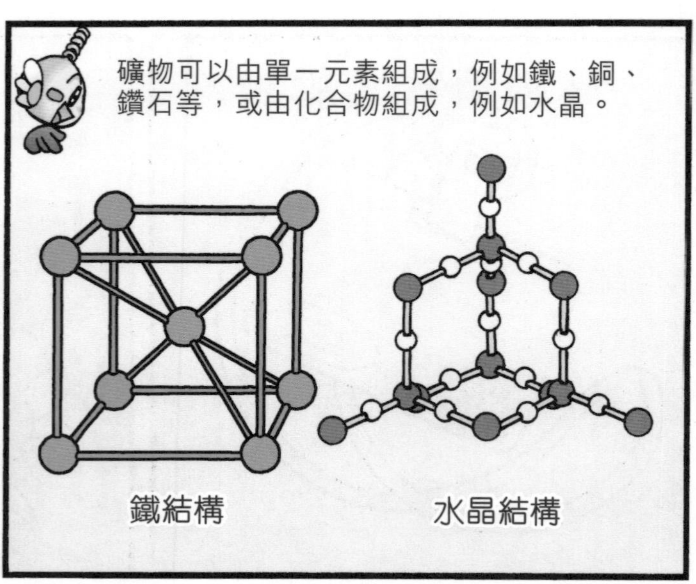
礦物可以由單一元素組成，例如鐵、銅、
鑽石等，或由化合物組成，例如水晶。
鐵結構
水晶結構

那礦物
和我們有
甚麼關係？
哈！其實礦物在
日常生活中是
無處不在的！

礦物鑑定機！

試試將不同的物件放進
它口裏，它就會告訴你
物件含有甚麼礦物！
那麼神奇？

試試溫度計吧！
不是吧？溫度計
怎會有礦物呢？

水銀！
真的有呢！

可是，礦物不是固體來的嗎？但水銀是液體呀。
問得好！水銀是少數的液體礦物，亦是唯一一種液態金屬！
水銀

大剛！吃剩了的豆腐花應該丟掉！真沒手尾！
嘻嘻，不如把豆腐花也放進去試試看！

石膏！
甚麼？豆腐花有石膏?!

對呀！食用石膏有凝固作用，加進豆漿內，就可以造出半固體狀的豆腐花了！

那麼智能手機呢？
鉭、銅、銀、鋁、石英、錫、鈮……

嘩！智能手機有很多礦物呢！
對呀！除了手機，各種電子產品，如電腦、電視等，也是需要大量不同礦物來製造的！

當然不可以！礦物是要在礦場開採的！
那麼礦物是哪裏來的？小Q，你可以用法寶變出來嗎？
那麼，哪裏有礦場呀？

中國是其中一個礦產資源豐富的國家，各種礦物分佈在不同地區，以西部尤其豐富。
石棉
新疆
銅、鉛、鋅、鋁
鎳
鋁
甘肅
蘭州
寧夏
陝西
青海
鉛、鋅、鋁
遼寧
河北
鐵
四川
釩、鈦、鐵、鎳、鈷
湖南
江西
福建
鎢
貴州
雲南
錫、銅、鉛、鋅
廣西
廣東
錳、鉛、鎢
水銀、朱砂、鋁、磷
嘩！真的有很多礦產呀！

小Q！你快點用飛船
帶我們去礦場吧！
我很想去採礦呢！
好啊！不如去
水晶的礦場
採集水晶！

採礦不是鬧着玩的！不但
需要專業的礦工來進行，
礦場內還十分危險！

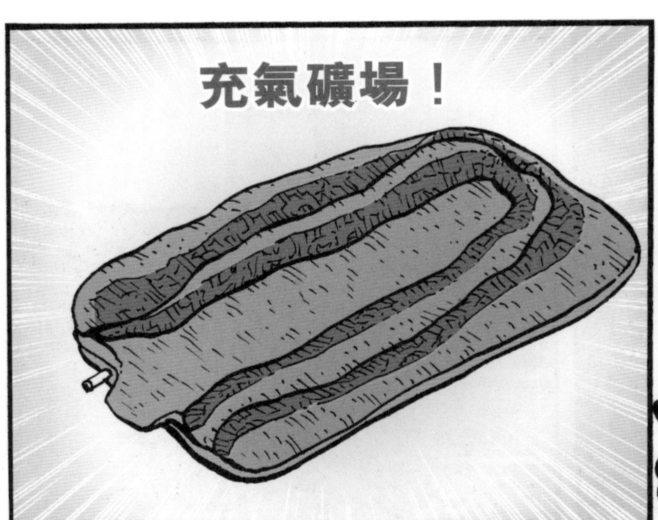
充氣礦場！

這樣吧！只要把它充了氣，
這裏就會變成水晶礦場，
你們便可以進行模擬採礦了！
太好了！

呼！呼！

好累呀……

嘩！真的變成了礦場！
礦場就是這樣？哪裏有水晶呀？

這些是露天的水晶！礦洞內還有更多呢！
啊！是水晶呢！

不要心急！先穿上我這身裝束才可以進入！
那麼快點去採礦吧！

真擠逼…
嘩～～
這裏好黑啊～～

到處濕漉漉的，
好不舒服⋯
哎呀！有水
滴到我了！

真討厭！
早知我就
不來了！
哼！明明
是你提議
要來的！
別吵了！快點用
頭盔上的電筒
到處照照，
看哪裏有
水晶吧！

這裏沒有……

找到了！找到了！
嘩！有很多水晶呀！

現在就要把這些
水晶鑿下來了！

小心啊！
鑿的時候
不可以破壞
到水晶！

好累呀！
採礦就是這樣子的嘛！

看！我們鑿出了
很多水晶！
把它們放到
木箱裏吧！

做得好！現在要進入
最後階段，把水晶
送到工廠加工！

甚麼!?
還不能休息？

看！我把大剛的房間變成工廠了！

接下來就是一連串的加工程序！

首先要清洗水晶。
由於水晶黏附着很多泥土，要用鐵刷子才能洗刷乾淨！

嘩！刷淨後的色彩很艷麗！

然後就是切割水晶。
利用激光切割機，設定想要的切割角度，就可以切出各種形狀。

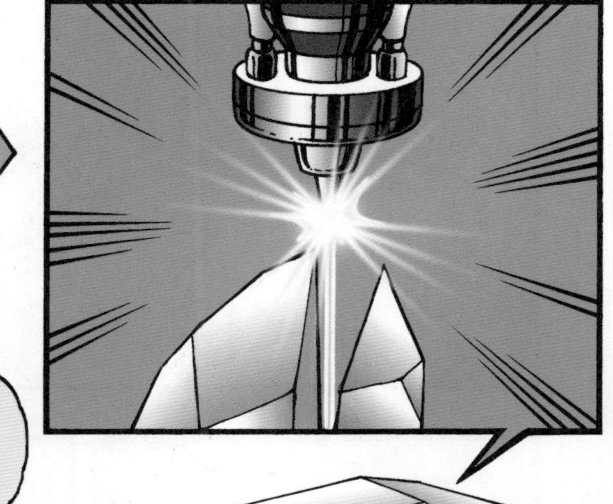

最後一步就是打磨！
利用研磨機將水晶表面細微的晶粒帶走，讓它變得光滑。

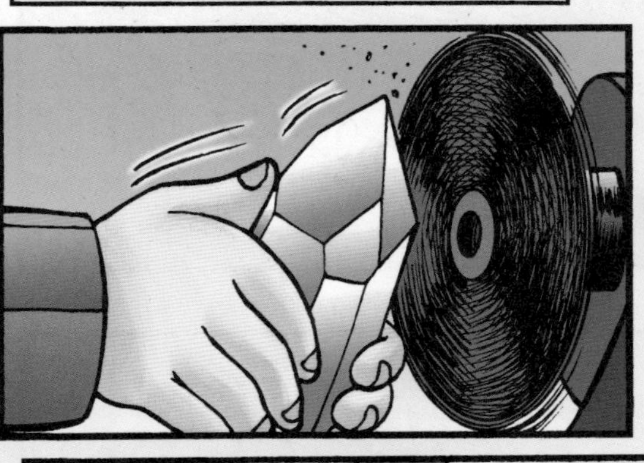

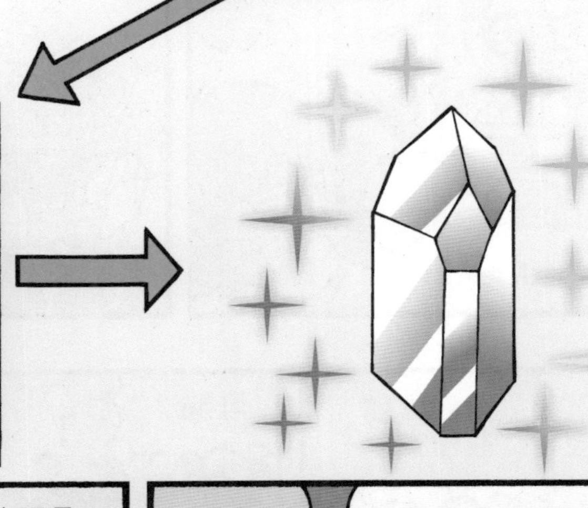

想不到採礦竟花了我們一整天的時間……
哈哈！這次只是模擬採礦呢！
在真實的工場，整個開採至加工需時約一個月，甚至更長的時間！

原來要得到一塊小小的水晶，背後要付出那麼多！
我以後看到礦物的製品，都會好好珍惜的！

是這裏了！
我一定要向
售賣假水晶的奸商
討回公道！

哼！竟有
這麼多人受騙！

水晶大平賣！
原來是Mr. A！

大家不要上當！這裏賣的
水晶其實是玻璃來的！
甚麼?!

沒錯！所以才會
賣得這麼便宜！

賠錢呀!!!
可惡！

~完~

世上最堅硬礦物

目前在全球已發掘的逾 3000 種礦物中，以鑽石最為堅硬，大家對這種最硬礦物有多了解？

摩氏硬度最高等級

量度礦物硬度方法有相對硬度和絕對硬度兩種，摩氏硬度（又稱莫氏硬度）是相對硬度的量度法，最被廣為採用。它根據 10 種礦物硬度由小至大分為等級 1 至 10（見表），再將其他未知等級礦物與那 10 種礦物刮磨，從留下的刮痕判定等級。位列第 10 級的金剛石是鑽石未經切割和打磨的化學名稱，佔 99% 以上由碳元素組成，是目前最硬礦物。

© Flickr

硬度	常見礦物
1	滑石
2	石膏
3	方解石
4	螢石
5	磷灰石
6	長石
7	石英
8	黃玉
9	剛玉
10	金剛石

鑽石分級

鑽石一般靠 4C 衡量價值高低，「4C」即重量單位 Carat、淨度 Clarity、色澤 Color 及切割 Cut。

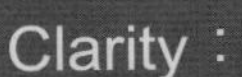

© Pixabay

Carat：
鑽石重量單位為 Carat（卡拉），1 卡拉約重 0.2 克，當然愈重價值愈高。

Clarity：
按鑽石內含雜質或裂痕的數量、大小、位置等評級。

Color：
純碳結晶應為透明無色，若含其他元素會帶不同顏色，當中以粉紅、藍、綠等較為稀有，價值較高；微黃或淺黃身價較低。

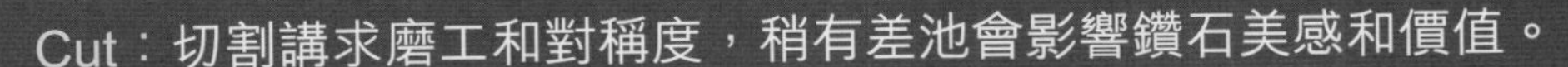

Cut：切割講求磨工和對稱度，稍有差池會影響鑽石美感和價值。

除了鑽石，我見過部分礦物也帶不同顏色，為甚麼會這樣？

不僅雜質會影響礦物顏色，吸收不同波長的光也是主要因素，若礦物均勻地吸收各種波長的光波，會呈現黑、白或灰色，就如白色的方解石；若礦物對光波選擇性地吸收，就會呈現其他鮮豔顏色，例如綠柱石。

【拼圖看礦物用途】

原來很多日用品都使用了不同礦物製作，你們能將左方的日用品和右方的礦物配對拼起來嗎？請在日用品旁圓圈內填寫礦物的代表英文字母（如示例）。

日用品

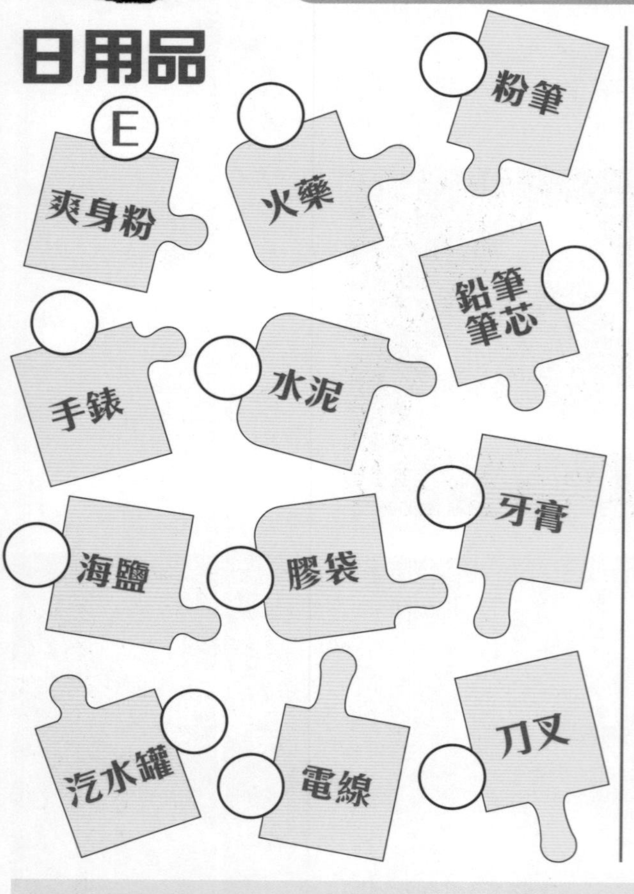

礦物

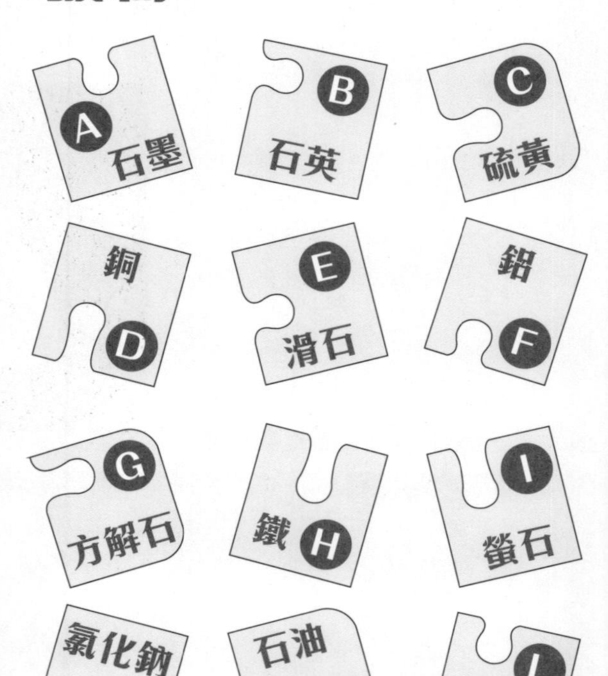

部分答案解說：

方解石：屬碳酸鹽礦物，常見於大理岩、石灰岩、鐘乳石，呈菱面體的透明或半透明狀，硬度為3，多用於化工、水泥等工業。

滑石：最軟礦物，由鎂的岩石變質而成，一般呈白色，其結晶體非常鬆散，多磨成細緻粉末狀，用於減少摩擦，爽身粉為一例。

螢石：主要成分為氟化鈣，晶體呈立方狀，純淨螢石本為透明，若混有雜質會帶其他顏色，在牙膏加入氟可減低蛀牙風險。

答案

爽身粉（E）	海鹽（J）
火藥（C）	膠袋（K）
粉筆（L）	牙膏（I）
手錶（B）	汽水罐（F）
水泥（G）	電線（D）
鉛筆筆芯（A）	刀叉（H）

聖誕老人尋鹿記
我半年前寄了信給格陵蘭的聖誕老人，現在收到回信了！
聖誕老人回信？不可能！
世上哪有聖誕老人！是晴晴你的父母寄給你而已。
小Q，他們都不相信我……
等等，先讓我查看資料！

原來歐洲多國，如芬蘭、丹麥、德國、挪威等地，真的有聖誕老人郵局，接收世界各地寄給聖誕老人的信件！芬蘭更有一個聖誕老人村！
我不理你們，先拆信！
真的有聖誕老人？

啪！

原來聖誕老人的
馴鹿不見了！
尋鹿

不如我們前往格陵蘭，
協助聖誕老人尋回馴鹿吧！
好啊！

格陵蘭位於北極地區，而且正值
冬季，十分寒冷。大家要穿厚一點，
好好保暖！
北極地區？

北極地區指北緯66.5度以北的地區，以北極點為中心。北極地區包括以下地方：

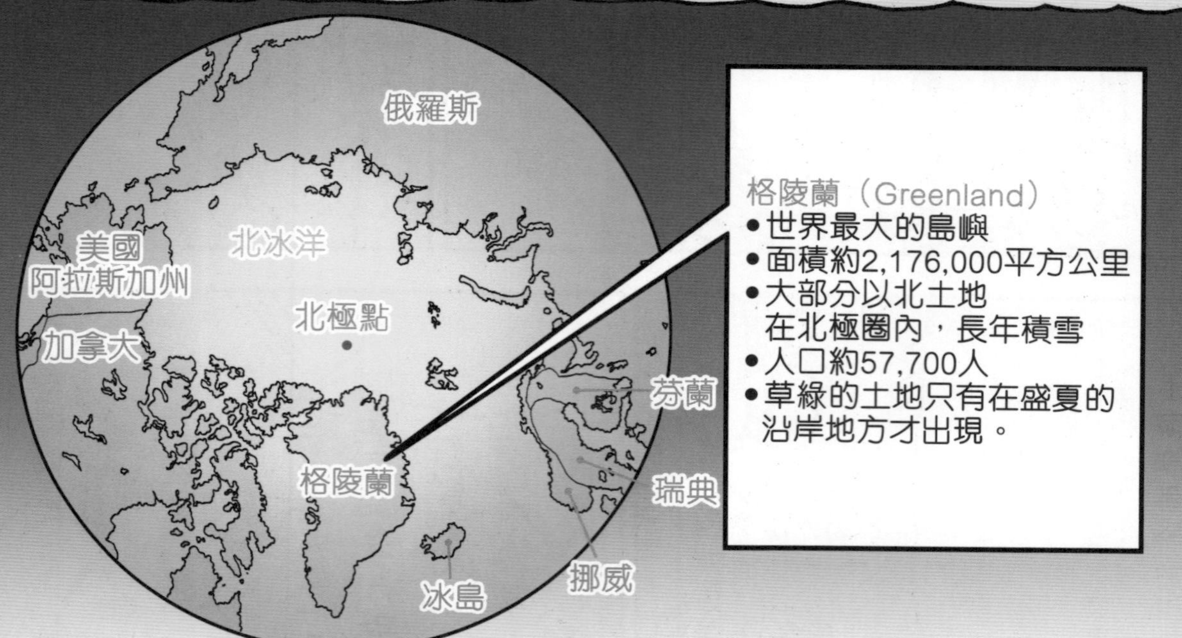
俄羅斯
美國
阿拉斯加州
北冰洋
北極點
加拿大
芬蘭
格陵蘭
瑞典
冰島
挪威

格陵蘭（Greenland）
- 世界最大的島嶼
- 面積約2,176,000平方公里
- 大部分以北土地
  在北極圈內，長年積雪
- 人口約57,700人
- 草綠的土地只有在盛夏的
  沿岸地方才出現。

是聖誕老人
的家！
我們去
找他吧！

聖誕
老人！
哦？

我們收到你的回信，
知道你的馴鹿不見了！
讓我們幫你吧！
謝謝你們！
來坐我的雪橇出發吧！

嘩……
雪橇是北極地區的
傳統交通運輸工具，
多以狗或馴鹿
編成隊伍拉行。
格陵蘭的冬天
最適合坐雪橇！

但近十年的全球
暖化令氣溫升高，
沿海一帶的浮冰因
融化而變得脆弱，
使用雪橇的季節
也變短了。

嘩！雪橇狗很活潑！很可愛！
對，牠們都很喜歡奔跑！
雪橇狗不是一種狗的分類，而是泛指在雪或冰上拉行雪橇的狗。
雪橇狗充滿力量！牠們的毛分兩層：外層是長毛，內層是保暖的短毛。
聖誕老人，請問你有沒有失蹤馴鹿的毛髮？
哎……這個嘛，我要找找看。
動物毛髮尋探器
放入動物毛髮後，當目標動物在尋探器2000公里範圍內出現，就會發出訊號。
有了！
嘟嘟……
啟動！
我們出發吧！

咦！是北極熊！
不知道是不是熊太郎*呢？

*參看第二集「救救北極熊」。

那裏有一隻動物！

煞車

是牛嗎？

動物語言機

麝牛是在地球出現超過60萬年的生物，現分佈在格陵蘭等氣候嚴寒的地區。體型龐大，身體約長180至240厘米，體重200至300公斤。
毛呈棕色；冬季毛呈黑棕色。
雌雄皆長有角。
頸、胸部和前半身的毛長達60厘米，極耐寒。

這幾天你有沒有
看到馴鹿經過？
我？
有啊！馴鹿跟
聖誕老人一起
在那邊跑過。

聖誕老人明明就在
這兒，怎麼可能呢？
我們出發
再看看吧！

啊!?是海洋？

尋探器有反應！
嗶嗶

馴鹿不會潛水，
不可能走進
海洋啊……
該不會
……
大哭
小Q，那部不是
動物屍體尋探器！
馴鹿一定還生存！

不尋常了呢！
我們下海尋找吧！
我支持！

極地海洋潛艇

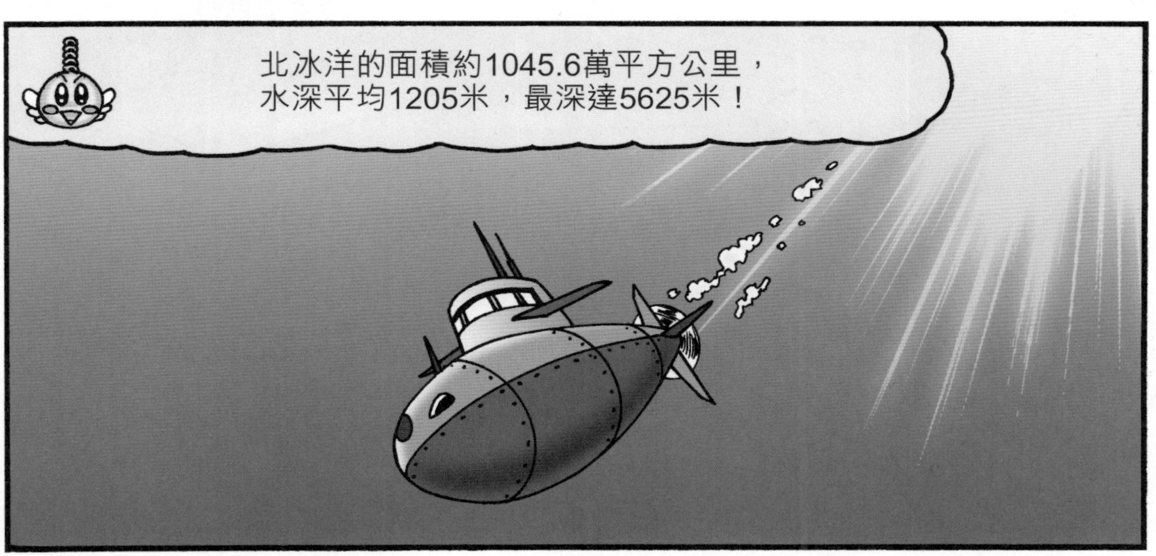
北冰洋的面積約1045.6萬平方公里，
水深平均1205米，最深達5625米！

為何這海底甚麼都沒有？
雖然現在看似平靜，但其實北冰洋的海底也很熱鬧的！
咦？這個是甚麼嚟？難道是捕魚網？

哇！你們看！
嚇！

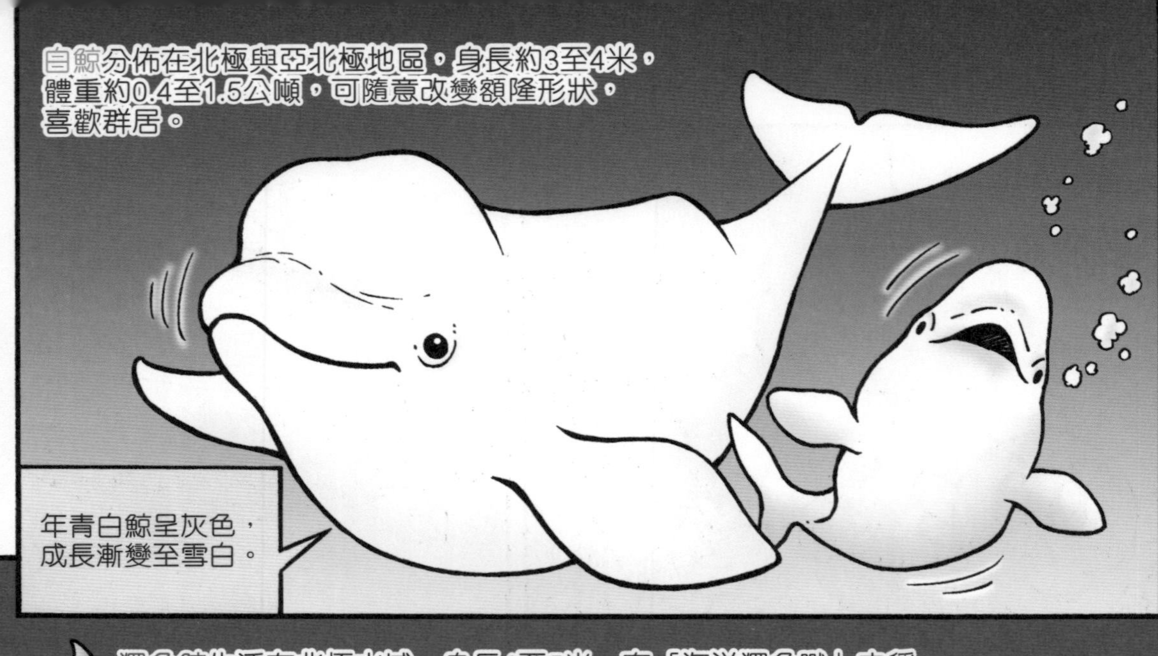
白鯨分佈在北極與亞北極地區，身長約3至4米，
體重約0.4至1.5公噸，可隨意改變額隆形狀，
喜歡群居。
年青白鯨呈灰色，
成長漸變至雪白。

獨角鯨生活在北極水域，身長4至5米，有「海洋獨角獸」之稱。
屬群居動物，多以5至20條為一群。

獨角鯨的「角」其實是一隻牙齒，可長達2至3米。
只有雄性的牙齒才會外露，雌性的會隱藏。

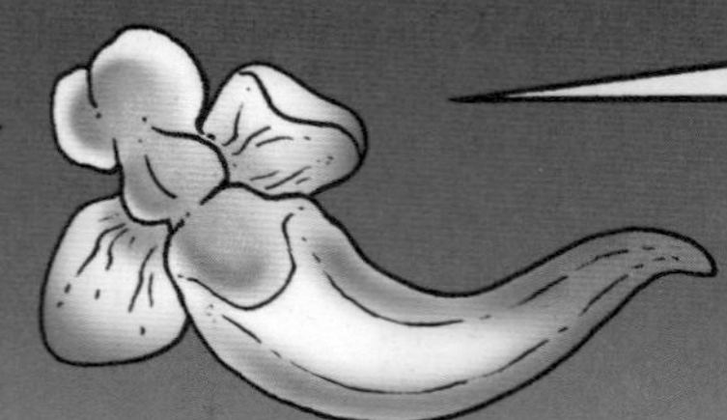
海天使
上半身的
橙色部分是
消化和
生殖器官。
這「翅膀」是由腳進化而成，
每秒約拍動兩次，協助游動。
海天使看似是水母，但實際是浮游軟體動物。
生活在北極、南極等寒冷水域下。身長約2至3厘米，雌雄同體。

藍鯨是海洋哺乳類動物，被認為是地球上體型最大的動物。身長超過33米，重達200噸以上。雖然體型巨大，但只捕食磷蝦，食量大概每日5,000公斤。

嘩！藍鯨真的好巨大！
咦！那邊好像有一艘潛艇！

嗶嗶嗶嗶

是MR. A！
馴鹿很可能在MR. A手上！

哼！等我來收拾你吧！

捕捉

拉走
嘩！躲到海底也被人發現!?

重逢
原來又是你在搗亂！
我只想湊熱鬧，扮一扮聖誕老人，
才會帶走馴鹿去訓練……
偷別人的東西
就是錯！
對不起，
我知錯了……
不要扔下我
在這裏啊……
求饒
呵呵呵，好吧！
那麼罰你……
回去清理馴鹿的
糞便吧！
出發！
你的鹿角
好美啊，
看來
像樹枝
一樣！
我屬美洲鹿亞科，分佈在歐亞大陸和北美洲地區，
身長1至2米，人們會馴化我們作坐騎或拉雪橇之用。
每年春天，野外的同類都會集體向北遷移，一到秋天便會南下。
我們是
鹿科動物中
唯一雌雄都
長角的！
而且更會
脫角
再生長！
夏季會脫毛，
冬天生長厚而密的毛。
喜歡吃苔蘚、
地衣等植物。
隨着季節變化
也會吃樹枝、
樹葉、蘑菇和
嫩草等。

每年馴鹿都會脫換角一次。頭頂的茸座會長出實心的骨質角，由真皮骨化而成，因此鹿角稱「實角」。

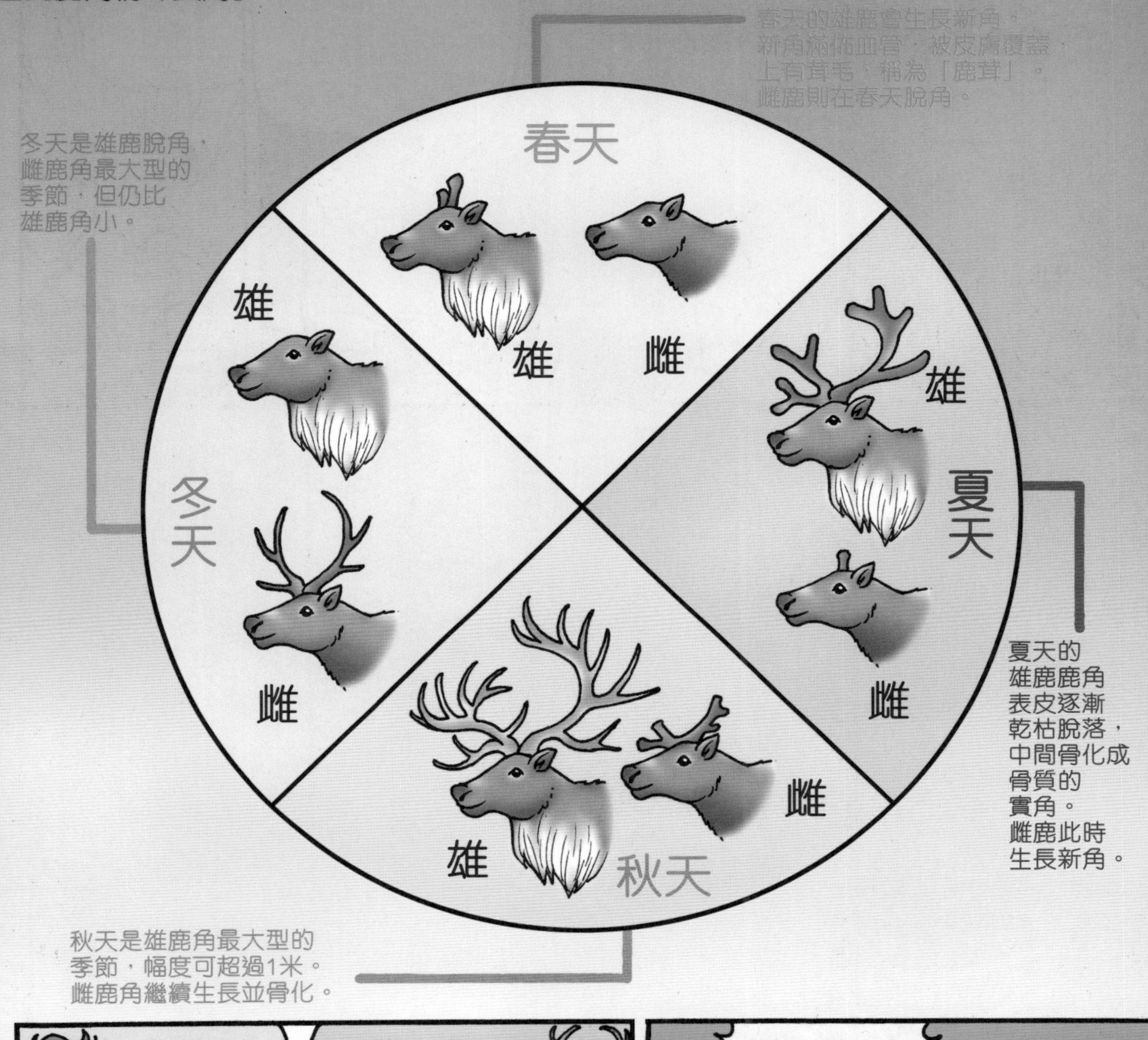

春天的雄鹿會生長新角，新角滿佈血管，被皮膚覆蓋，上有茸毛，稱為「鹿茸」。雌鹿則在春天脫角。
春天
雄
雌
夏天
雄
雌
夏天的雄鹿鹿角表皮逐漸乾枯脫落，中間骨化成骨質的實角。雌鹿此時生長新角。
秋天
雄
雌
秋天是雄鹿角最大型的季節，幅度可超過1米。雌鹿角繼續生長並骨化。
冬天
雄
雌
冬天是雄鹿脫角，雌鹿角最大型的季節，但仍比雄鹿角小。

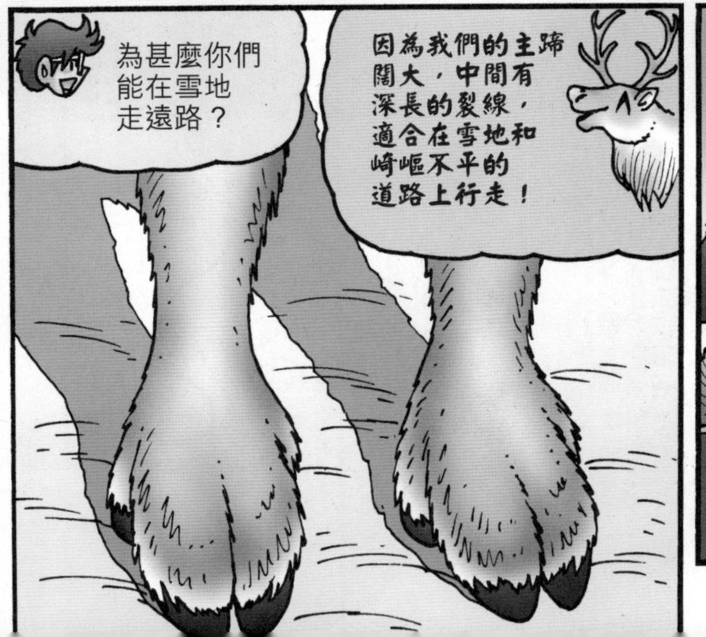

為甚麼你們能在雪地走遠路？
因為我們的主蹄闊大，中間有深長的裂線，適合在雪地和崎嶇不平的道路上行走！

嘩~~到了！

是北極光！
極光是地球大氣層最上層發生的「電磁風暴」所造成的可見光，沒有固定的形態及顏色。
來，喝杯熱茶吧！

哈哈~~
好美！
~完~

「神秘極地知多點」

北極是地球最北之地，偏遠位置加上極端天氣，令北極總抹上一份神秘色彩，就讓我帶大家來一趟北極之旅，認識多點吧！

北極不及南極冷

兩極同處地球極端，但仍以南極較冷，南極全年平均氣溫為-25℃至-30℃，北極為-10℃。因為北極大部分為海洋，而南極陸地平均海拔有 2350 米，海拔愈高愈寒冷。此外，南極擁有大片陸地，佔 98% 長年被冰雪覆蓋，而北極海洋上的冰雪面積只為南極的60%，加上海水能吸熱，所以氣候也較南極溫和。南極大陸常受西風環流吹襲，北極則受北大西洋暖流影響，這也是北極較暖原因。

北極海洋

© Christopher Michel

© Zoi Koraki

極晝與極夜

是分別出現於北極和南極的相對現象。春天太陽直射點落在北極，會持續24小時白天，是為「極晝」；而不被太陽照射的另一端南極，就會經歷24小時黑夜，稱為「極夜」。此情況會持續至秋天，之後就是北極出現極夜，南極為極晝。

北極原住民

聖誕老人？當然不是，愛斯基摩人是北極的土著民族，屬蒙古人種，主要分布在格陵蘭、美國、加拿大、俄羅斯。他們住在自建的半圓冰屋內，可抗風雪吹襲。食物源自捕獵的海豹、海象及魚類。他們的衣服就是厚厚的動物毛皮，有助抗嚴冬。

人為破壞

人為污染令全球暖化，促使北極冰塊融化，海面水平線上升，北極熊亦難找棲身之所，加上狩獵者大肆獵殺海豹、北極熊等生物，令這片純淨樂土也慘遭蹂躪。

【聖誕老人派禮物】

聖誕老人要派禮物啦！他會將下面 6 份禮物派給北極的生物朋友們，你們可以將禮物內要餵飼的食物，與被餵飼的生物連線起來嗎？

部分答案解說：

北極兔：體型比一般兔子大，腿也較長，毛髮顏色會隨季節改變。屬草食性動物，以草、苔蘚為主。

燕鷗：體型中等的候鳥，可作長途飛行，由北極遠征至南極，再返回北極，食物以魚類、昆蟲為主。

北極蝦：多棲息於北冰洋海域，以吃水藻等浮游植物為生，因肉質鮮甜，常被人類大量捕獲。

北極狼：屬群居性犬科動物，體型比灰狼小，但速度快，喜捕獵馴鹿、麝牛等大動物。

北極狐：犬科動物，其毛髮冬天為雪白色，夏天會換毛成棕色或灰色，以作掩護。食物有北極兔、雀鳥、漿果等。

雪鴞：屬大型貓頭鷹，但雪鴞白天也會活動，多棲息於凍土和苔原地區，獵物有旅鼠、幼年岩雷鳥和小型哺乳類動物。

決戰溜冰場
好熱啊，真想吃一杯
「哈人牌」雪糕！
我……
一分錢也
沒有啊。
真窮…
想吃的話就買吧，
我也要一杯。

我昨天買了
一套文具，
也沒有錢啊。
嘿嘿嘿，沒錢嗎？
真可憐啊。
要不要我
請你吃呀？
哈哈……
哼！誰要你請！
我們才不吃
你請的雪糕！
對！

哈哈哈！有骨氣！
想免費吃雪糕的話，
還有別的方法！
是啊，還可免費吃
100杯呢！

甚麼意思？
看！

免費
參加
溜冰比賽
頭獎
一百杯「哈人牌」雪糕
參加吧！參加吧！
可是……
我不懂
溜冰……
哈哈哈，不懂溜冰，
好可憐喔！
就是嘛，真可憐，
真沒用啊！
哼！
有膽量的話
一起參加比賽
決一勝負！
嘩！
好呀！比賽場上見，
不來的是膽小鬼！
砰！
哇！
★SEND★
APP APP

哎呀！
好痛呀！
溜冰首先要
掌握平衡，
我示範給你看。
好厲害啊！
嗖～
我也來
試試看。
哇呀！
不要呀！
你還未穿
……
咿…
哈哈，我成功了！
啊！

你只滑了
這麼一點點。
吓?!
50厘米
小Q，沒有溜冰鞋，
是滑不遠的！
溜冰鞋？秘訣就在
這雙有刀的鞋子嗎？
知識聽筒！
溜冰鞋
你為甚麼可以
在冰上滑動？
你這樣會
阻礙我
練習的!!
原來是因為
刀片上的
壓力！
正常情況下的冰點是0℃，
溫度高於0℃，冰就會
融化成水。不過如果增加
壓力，冰點便會降低，
即使在0℃以下，
冰都會開始融化。
施壓

穿上溜冰鞋後，人體幾十公斤的體重便集中在鞋底的刀片上。刀口向冰面施高壓，接觸面的冰便會融化成水膜。

刀口和水膜的磨擦力低，
所以溜冰者便可在冰上飛馳。

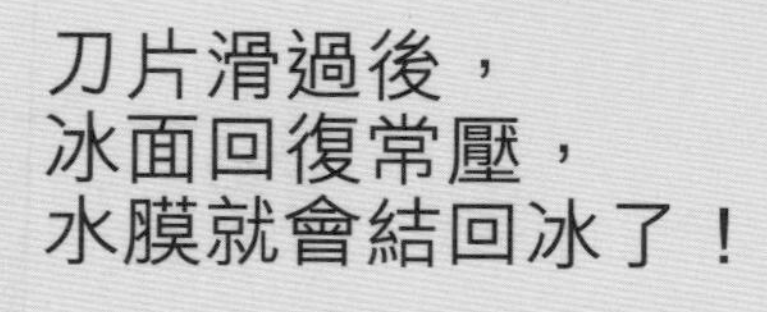

刀片滑過後，
冰面回復常壓，
水膜就會結回冰了！

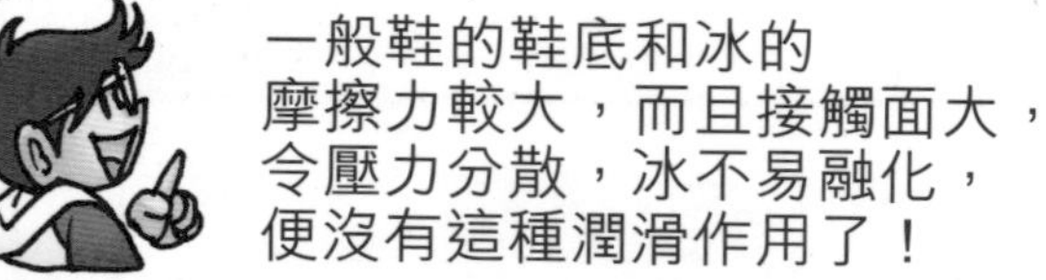

一般鞋的鞋底和冰的摩擦力較大，而且接觸面大，令壓力分散，冰不易融化，便沒有這種潤滑作用了！

好啦，我們要繼續練習了！
小松真聰明！

呀……
嘩……

現在是清洗時間，請各位暫時離開溜冰場。

坦…
坦克車?!

不用怕，
那是洗冰車！
溜冰鞋在溜冰時會刮花冰面，
令冰面變得不平，洗冰車會定時
出來清洗冰面、清除冰面上的
碎冰和刮紋，使冰面變回平滑。

除此之外，
室內溜冰場的冰層下面藏有流着
冷卻液的網狀管道循環系統和排水管，
以確保冰面維持0℃以下喔！
晴晴妳果然是
溜冰高手！對溜冰場
也這麼了解！
唉~~~~
怎麼了？

我們每天四點才放學，
可是溜冰場八點就關門了，
加上洗冰，根本沒有足夠
時間練習……

我有辦法！
你們跟我來吧！

這只是一個
湖吧！
瞬間冷凍機！
只要把吸盤放在要冷凍的東西上面，然後按下按鈕，它便會急凍至-10℃！
裂
你們以後可以在這裏練習了。
嘩！屬於我們的私人溜冰場啊！
嘩！
三星期後⋯
去練習了～

嗖~~~
小松你進步了很多！
還學會自轉動作呢！

對呀！上次你示範自轉時，
我想起科學老師曾說過這動作
和角動量守恆定律有關。

定律指出物件旋轉時的半徑愈大，速度會愈小。

所以自轉時，把手張開，旋轉速度會減慢；相反，收起雙手轉速就會較快。

速度較慢

速度較快

明白了這個原理，
我知道如何
控制速度，
學得自然快啦！

好！現在我們來
配合一下動作吧！
知道！

他們的練習
好像很順利。
放心！我們有
秘密武器！

飄移溜冰套裝！
這雙溜冰鞋與地面的摩擦力
近乎0，鞋底內置水平感應器，
能自動保持平衡。而這件貼身衣
與空氣的摩擦力也極低，
確保做花式動作時，轉動持久。
這產品價值連城，並非唾手可得啊！
如果我們勝出，我可以免費送給你，
但所有雪糕都歸我！
有了它，
冠軍寶座必屬
我們了！哈哈！
哈哈哈哈哈……
比賽日
今天的「雙人花式
溜冰大賽」來到最後
兩組參賽隊伍了！
下一隊是…
「小松晴晴隊」！
加油！加油！

嗖~~~
我們順利完成了！
啪啪！
剛才
好緊張呀！
差點連心
都跳出來
了。
最後一組是
「大剛MR. A隊」！

「飄移溜冰套裝」
果然厲害！
真想不到……
Mr. A溜冰怎麼
這麼厲害?!
難道……

怎麼了？好像停不下來！
可能是摩擦力太小，一時停不了！
哇～～～
呼！
兩位選手發生意外，取消資格！
碎！
果然又是借助了宇宙法寶的力量！
這次比賽的冠軍是「愛神隊」！
啪啪～
啪啪～
雖然輸了，安慰獎只有一杯雪糕，也不錯吧！
這杯雪糕是我的，是教練費呀！
呀～
哇哈哈！真是太好了！有免費雪糕吃！是巧克力口味，我最喜歡了！
～完～

基本溜冰姿勢

科學老師只教授了溜冰自轉的姿勢，基本動作我反而不懂呢！

讓我來教你吧！

平衡

初學者要練習平衡，先將雙手打開至與肩齊高，膝蓋微曲，身體稍向前傾，慢慢向前滑行，多加練習便能找到平衡感，此時便可加速，速度愈快愈容易平衡。

跌倒

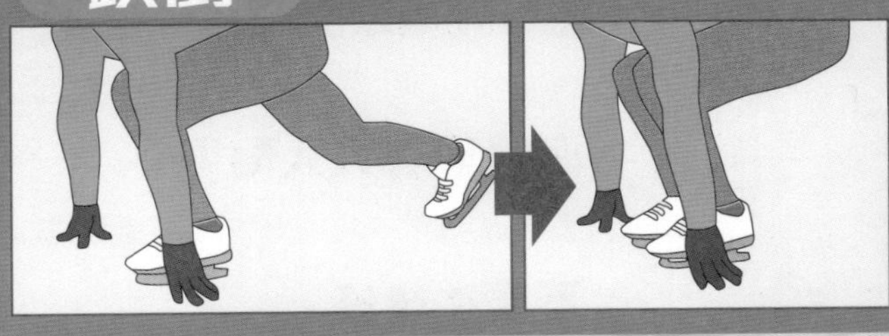

初學者應該最先學習跌倒時要保持正確姿勢：上身保持挺直，稍微前傾，雙膝微屈，即使向前跌膝蓋着地，也因戴有護膝而減少損傷。跌倒後，雙手按着冰面，雙腳撐於雙手之間冰面上，慢慢站起來。

前溜

站立時雙腳呈外八字，兩膝微屈，將身體重心壓低，右腳用力向外推出時，重心要稍為傾右，當右腳向前滑行後，就換左腳向前推，將重心左移。溜冰時不停轉換重心，速度才會較快。

煞停

學習煞停是很重要步驟，大致可分為 3 種：

❶ 內八字

雙腳並排滑行時，腳尖稍為向內，雙膝微曲，臀部向下蹲，重心稍為向前，便能減速至停止，初學者較易掌握。

❷ T 煞

雙腳一前一後滑行時，將後面的腳稍為抬離地面，放在前腳後方成 90 度，冰刀稍微向內，便會慢慢煞停。

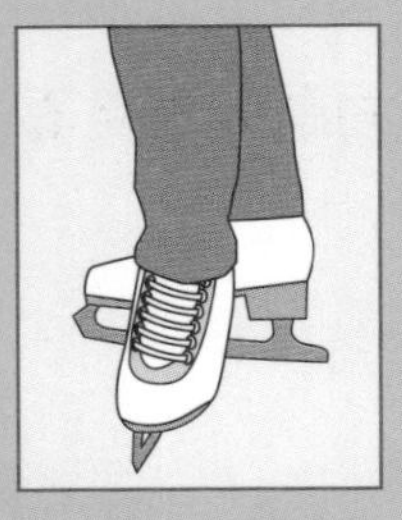

❸ 急停

向前滑行時，身體突然向右（或左）轉 90 度，雙膝微屈，重心稍微向右（或左）傾斜，冰刀刮向冰面，便能急停。

安全溜冰樂滿分

溜冰看似輕鬆，但都要小心為上啊！下面的溜冰安全告示全部都斷成兩截，你們能將正確的前後句串連起來嗎？（請參考示例）

前句	後句
要檢查鞋帶	要小心其他溜冰者
人多時	要儘快站起來
若快要跌倒	宜先做點熱身運動
離開溜冰場時	最好配戴頭盔、護肘和護膝
萬一跌倒	必須要有大人陪同
溜冰前	不要往後傾
口袋和腰間	避免急停或轉身
溜冰的衣着 ———	不用穿太厚，以長袖衫褲為佳
小童前往溜冰	不要放置鎖匙、手機、小刀等硬物和利器
初學者為免弄傷頭部和手腳	是否繫緊

答案

前句	後句
要檢查鞋帶	要小心其他溜冰者
人多時	要儘快站起來
若快要跌倒	宜先做點熱身運動
離開溜冰場時	最好配戴頭盔、護肘和護膝
萬一跌倒	必須要有大人陪同
溜冰前	不要往後傾
口袋和腰間	避免急停或轉身
溜冰的衣着	不用穿太厚，但以長袖衫褲為佳
小童前往溜冰	不要放置鎖匙、手機、小刀等硬物和利器
初學者為免弄傷頭部和手腳	是否繫緊

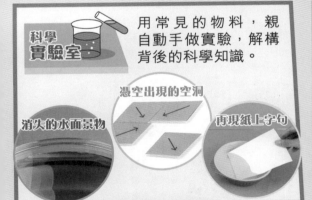